"十三五" 国家重点图书出版物出版规划项目

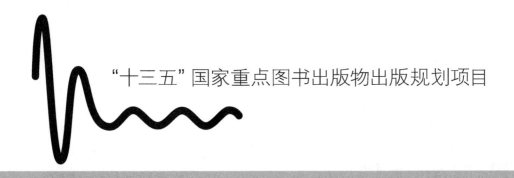

绿色建筑模拟技术应用
Application of Simulation Technologies in Green Buildings

建筑通风
Building Ventilation

田真 晁军 著
张国强 审

知识产权出版社
全国百佳图书出版单位
—北京—

图书在版编目（CIP）数据

建筑通风/田真，晁军著. —北京：知识产权出

版社，2018.11（2023.7重印）

（绿色建筑模拟技术应用）

ISBN 978-7-5130-5706-6

Ⅰ.①建… Ⅱ.①田… ②晁… Ⅲ.①房屋建筑设备—

通风设备 Ⅳ.①TU834

中国版本图书馆 CIP 数据核字（2018）第 172562 号

责任编辑：张　冰　　　　　　　　　　　责任校对：谷　洋

封面设计：杰意飞杨·张悦　　　　　　　责任印制：刘译文

绿色建筑模拟技术应用

建筑通风

田真　晁军　著

张国强　审

出版发行：知识产权出版社 有限责任公司　　网　　址：http：//www.ipph.cn

社　　址：北京市海淀区气象路 50 号院　　　邮　　编：100081

责编电话：010-82000860 转 8024　　　　　责编邮箱：740666854@qq.com

发行电话：010-82000860 转 8101/8102　　 发行传真：010-82000893/82005070/82000270

印　　刷：北京建宏印刷有限公司　　　　　经　　销：新华书店、各大网上书店及相关专业书店

开　　本：787mm×1092mm　1/16　　　　印　　张：15

版　　次：2018 年 11 月第 1 版　　　　　　印　　次：2023 年 7 月第 2 次印刷

字　　数：260 千字　　　　　　　　　　　定　　价：58.00 元

ISBN 978-7-5130-5706-6

《绿色建筑模拟技术应用》丛书
编写委员会

主 任 委 员　朱颖心　徐　伟

副主任委员（按姓氏拼音字母排序）

陈　成　陈超熙　戈　亮　胡晓光

刘　琦　谭　华　张　冰

顾　　　　问（按姓氏拼音字母排序）

程大章　董　靓　江　亿　康　健

李　农　林波荣　林若慈　刘加平

罗　涛　王立雄　王万江　王有为

吴硕贤　许　鹏　闫国军　杨　柳

翟志强　张国强　张　宏　张金乾

委　　　　员（按姓氏拼音字母排序）

晁　军　陈　宏　管毓刚　何　荣

刘　琦　罗智星　孟　琪　孟庆林

闵鹤群　田　真　王德华　王海宁

袁　磊　张　杰　赵立华

总　序

　　绿色建筑作为世界的热点问题和我国的战略发展产业，越来越受到社会的关注。我国政府出台了一系列支持绿色建筑发展的政策，我国绿色建筑产业也开始驶入快车道。但是绿色建筑是一个庞大的系统工程，涉及大量需要经过复杂分析计算才能得出的指标，尤其涉及建筑物理的风环境、光环境、热环境和声环境的分析和计算。根据国家的相关要求，到 2020 年，我国新建项目绿色建筑达标率应达到 50％ 以上，截至 2016 年，绿色建筑全国获星设计项目达2000 个，运营获星项目约 200 个，不到总量的 10％，因此模拟技术应用在绿色建筑的设计和评价方面是不可或缺的技术手段。

　　随着 BIM 技术在绿色建筑设计中的应用逐步深入，基于模型共享技术，实现一模多算，高效快捷地完成绿色建筑指标分析计算已成为可能。然而，掌握绿色建筑模拟技术的适用人才缺乏。人才培养是学校教育的首要任务，现代社会既需要研究型人才，也需要大量在生产领域解决实际问题的应用型人才。目前，国内各大高校几乎没有完全对口的绿色建筑专业，所以专业人才的输送成为高校亟待解决的问题之一。此外，作为知识传承、能力培养和课程建设载体的教材和教学参考用书在绿色建筑相关专业的教学活动中起着至关重要的作用，但目前出版的相关图书大多偏重于按照研究型人才培养的模式进行编写，绿色建筑"应用型"教材和相关教学参考用书的建设和发展远远滞后于应用型人才培养的步伐。为了更好地适应当前绿色建筑人才培养跨越式发展的需要，探索和建立适合我国绿色建筑应用型人才培养体系，知识产权出版社联合中国城市科学研究会绿色建筑与节能专业委员会、中国建设教育协会、中国勘察设计协会等，组织全国近 20 所院校的教师编写出版了本套丛书，以适应绿色建筑模拟技术应用型人才培养的需要。其培养目标是帮助学生既掌握绿色建筑相关学科的基本知识和基本技能，同时也擅长应用非技术知识，具有较强的技术思维能力，能够解决生产实际中的具体技术问题。

　　本套丛书旨在充分反映"应用"的特色，吸收国内外优秀研究成果的成功经验，并遵循以下编写原则：

➢ 充分利用工程语言，突出基本概念、思路和方法的阐述，形象、直观地表达教学内容，力求论述简洁、基础扎实。

➢ 力争密切跟踪行业发展动态，充分体现新技术、新方法，详细说明模拟技术的应用方法，操作简单、清晰直观。

➢ 深入剖析工程应用实例，图文并茂，启发学生创新。

本套丛书虽然经过编审者和编辑出版人员的尽心努力，但由于是对绿色建筑模拟技术应用型参考读物的首次尝试，故仍会存在不少缺点和不足之处。真诚欢迎选用本套丛书的读者多提宝贵意见和建议，以便我们不断修改和完善，共同为我国绿色建筑教育事业的发展做出贡献。

本书编委会

2018 年 1 月

前　言

　　风对于建筑物及周边环境有重要的影响。建筑室外风环境对建筑室内通风、建筑物周边人员会产生影响。建筑室内通风降温、室内污染物浓度的稀释及排除、有效的室内机械通风组织等都需要设计人员对建筑物室内外风环境特点有一定的了解，并对相关经验规律进行分析与总结。建筑物理、流体力学基础知识，建筑实际项目经验，以及计算机模拟仿真得到的正确结果，都可以帮助设计人员总结规律，并可将学习的经验和规律应用到其他类似的项目中，进而更好地完成建筑及工程设计。这也是我们撰写本书的一个最初的想法。

　　本书是有关建筑室内外风环境模拟的入门书籍。关于建筑通风的书籍，有不少经典的著作，包括奥比（Hazim Awbi）教授的《建筑通风》、弗朗西斯·阿拉德（Francis Allard）教授的《建筑的自然通风——设计指南》及他与克里斯蒂安·吉奥斯（Cristian Ghiaus）合作完成的《城市环境的自然通风：评估与设计》等。与这些经典理论著作相比，本书更偏重于从实际应用出发，从实际操作的角度了解、分析和模拟建筑室内外风环境和自然通风，并介绍了相关工具与软件的使用方法，以便更好地对建筑室内外风环境及自然通风进行分析和模拟。

　　伴随着可持续发展理念和国家绿色建筑市场的发展，越来越多的建筑师、工程师以及业主对建筑风环境模拟产生了较为浓厚的兴趣。而在实际应用过程中，由于各种因素的制约，我国的建筑风环境模拟仍处于起步阶段。不少建筑师、工程师、绿色建筑咨询师虽然很想在实际工程中通过建筑风环境模拟来提升建筑的性能，但往往缺乏相应的理论基础和分析工具。常用的计算流体动力学较难使用，对于建筑师和工程技术设计人员来说学习门槛较高。因此，我们认为有必要向国内一线设计和工程技术人员、广大学生介绍建筑风环境与建筑通风的相关理论、方法措施及分析模软件和工具。鉴于此，本书的一个特色就是与绿色建筑设计及技术相结合来分析和探讨建筑室内外风环境与有效的通风方式、技术与设计。特别需要说明的是，本书不是一本高深的理论书籍，亦不是一本软件操作使用手册。在内容安排上，本书考虑了不同职业和背景人群的不同需求。我们衷心希望，无论是建筑师、暖通工程师、绿色建筑咨询设计顾问，还是广大高校学生，本书都能给您的工作或者学习带来一些有用的帮助。

本书共分为8章，第1章简单介绍了建筑风环境的主要内容；第2章介绍了建筑室外风环境；第3章讲述了建筑通风与绿色建筑的相关内容；第4章讨论了建筑通风与渗透风的区别与联系；第5章结合实际案例介绍建筑通风的方法与措施；第6章简单介绍了建筑通风模拟软件CoolVent；第7章较为详细地介绍了CFD软件VENT的建模方法与使用过程，并对软件使用中容易出现的问题进行了分析；第8章利用CFD软件对案例进行了建筑室内外风环境模拟分析。本书第2章由晁军完成，其他章节由田真完成。

在本书成书的过程中，研究生杨娟、王之昊、石岩菲、徐松月、王雨等参与了资料收集与部分图表绘制工作。在本书的写作过程中，我们也得到了湖南大学张国强教授的指导。本书的出版得到了知识产权出版社的大力支持，在此深表谢意！

由于我们理论和知识水平有限，成书时间仓促，在本书中定有不少欠妥和疏漏之处，敬请广大读者给予批评指正并提出宝贵意见，并希望能在再版时一并更新和完善。联系邮箱为 16662112@qq.com。

作 者
2018 年 6 月

目　　录

1 绪 论

设计不是它看起来怎么样，也不是我感觉怎么样，而是它实际是怎么工作的。
——史蒂夫·乔布斯

风是由于空气密度大小差异产生流动所形成的一种自然现象。太阳光辐射照射在地面，使得地表温度升高，临近地表的空气被加热而膨胀，其密度变小而上升。被加热的空气上升后，周边温度较低的空气水平流入，上升的空气逐渐被冷却，其密度变大而降落，这个空气流动过程就产生了风。

建筑通风（Ventilation）是指将室外空气引入建筑物或者房间内，将建筑物室内原有污浊空气排出，满足室内人员对于室外空气特别是氧气的要求，从而使室内空气符合卫生与健康标准。建筑通风最初的目的是满足人们对室内新鲜空气的要求；而随着室外空气被引入建筑物室内，与室内热湿环境相结合，建筑通风也承担起满足室内人员热舒适度的全部或者部分任务。例如，通过自然通风在过渡季节提高室内人员热舒适度，或者与空调系统相结合来满足室内人员热环境要求。

建筑通风一般可分为自然通风与机械通风，或者分为自然通风、机械辅助通风和机械通风。一般而言，建筑通风应该是指有组织的通风，即通过建筑物开窗、开洞、机械系统来引入室外空气以满足室内人员对室外新风的要求。在实际建筑环境中，特别是在居住建筑中，有组织的建筑通风往往与不受控制的建筑渗透风（Infiltration）相结合。所谓建筑渗透风，主要是指通过建筑物门窗缝隙在风压或（和）热压影响下，室内外进行的空气交换。建筑渗透风在某种意义上可承担部分通风要求。例如，在冬日，在不设置新风系统的居住建筑中，通过门窗缝隙的冷风渗透虽然加大了室内的热负荷，却为室内人员提供了部分室外空气。而在室外空气质量不佳的情况下，建筑渗透风可能加重室内空气污染。

1

此外，建筑物室外风环境特点也会对室内通风情况产生一定影响。当建筑通风进风口处于室外负压区时，室内外可能难以形成足够的压差，从而难以获得良好的通风环境。在建筑物组群分布时，面向迎风面的第一排建筑布局可能对后排建筑的通风情况造成影响。近年来，由于城市人口的膨胀以及建筑密度、建筑物高度的快速增长，一些不利的室外风环境，如"峡谷风"，也随之出现，给建筑物周边人员活动带来了不利的影响。随着人们对建筑人居环境质量要求的提升，建筑物所处的场地风环境也越发重要。

在建筑通风环境影响因子中，除建筑物室外风环境特点外，建筑物内平面布局、室内层高、风口位置、门窗洞口位置、室内家具布置、热源位置等各种要素都会对室内通风环境产生重要影响，因而对于建筑通风环境的计算和分析是一项较为复杂的任务，尤其是在建筑物自然通风计算时。在机械通风中，主要是通过改变通风方式（如采用置换通风方式）来提高机械通风效率。设计咨询人员经常利用经验方法和经验公式来对建筑自然通风进行相关设计。这些经验方法和经验公式，对于常见的设计具有一定的指导作用。在面对较为复杂或者不常见的设计时，经验方法或者经验公式可能会存在一定不足，往往需要采用更为精确或者先进的计算分析方法。

各个国家的建筑环境科研人员针对建筑风环境的复杂情况特点，开发了一系列设计分析工具和软件，从简单的单区通风分析软件 CoolVent，到多区通风分析 COMIS，再到越来越常用的 CFD（计算流体动力学，Computational Fluid Dynamics）分析工具（如 Fluent、VENT 等），都是可应用于建筑通风分析的利器。有效利用这些工具和软件，能极大丰富建筑风环境分析手段，提升分析效率，提高设计人员解决复杂问题的能力。

本书以建筑通风基本理论为基础，介绍了利用 CFD 软件进行建筑室外风环境和室内自然通风情况的模拟方法，并详细介绍了 VENT 软件的建模过程。同时，本书还介绍了多个建筑通风分析实例，帮助读者更好地学习与掌握建筑通风分析与模拟计算。

2 建筑室外风环境

本章介绍建筑室外风环境的特征及其对绿色建筑设计的影响。为方便建筑师阅读和理解，仅对涉及的流体力学基础知识加以概要引述，并辅以图解化的概念分析，重点在于帮助建筑师在工程设计中考虑风的影响，为绿色建筑的实践提出相关设计分析方法和技术。

城市中的气流影响因素非常复杂，城市规划师或建筑设计师很难直观地把握设计方案与城市风的互动影响。数字模拟技术为建筑师提供了风环境的可视化分析手段，如各类 CFD 软件在建筑领域的广泛应用，使建筑师能够更直接地了解建筑周边的气流特征，并通过方案的迭代修改，初步达到优化设计的目的。

不过，在一个良好的城市街区设计中，设计师必须权衡满足不同人群的多种环境需求，风环境只是其中一个方面，如何协调风环境与其他环境要素的关系，也是建筑师要慎重考虑的问题。本章主要侧重城市街区尺度室外风场与建筑的相互作用，这对降低区域建筑能耗和提高城市微气候的舒适度有积极意义。

本章讨论了建筑外部风环境问题，分析了风的形成、主要描述参数和对人的主观感受；重点阐述了建筑与外部风环境的关系，从单体建筑、群体建筑、高层建筑三个方面详细分析了建筑与外部风环境的互动关系；从绿色建筑设计实践出发，提出了减小冬季热负荷，增加夏季自然通风，控制人行区风速，建筑高低结合以利污染物和室外热量散发的设计目标导向；总结梳理了绿色建筑适应风环境气候设计的原则、方法和技术措施；结合 CFD 技术的应用案例，加以深入分析说明，为工程实践提供实用、有效的参考。

2.1 风的形成与描述

2.1.1 风的形成

地表空气流动形成风，大气压差是风的主要成因，空气总是从高压区流向低压区。在地球表面，太阳辐射和地球自转造成了大气压差，这是地表风带的主要成因（见图 2.1）。另外还有一些地形和人为因素影响了区域气候环境中的风场。

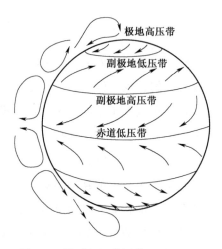

图 2.1　地球气压带风带（晁军绘制）

室外风场可以根据作用范围、风速、风力划分为不同的等级。在建筑室外环境设计中，设计师一般更关注风向、风频、风速、风压等要素，这些要素往往是决定建筑朝向、布局和形式的重要参考。

建筑室外风环境由风、人、建筑三个主体要素组成，研究风环境就是研究三者之间的关系[1]。这包括以下几方面：

（1）风与人的关系。主要研究风环境对人的生理感觉、行为和心理舒适度的影响。

（2）风与建筑的关系。主要研究建筑或建筑群体布局对室外风场的影响，了解建筑室外微气候中不利风场的成因和分布地点。

（3）人与建筑的关系。在风环境研究中，主要研究如何采取主动措施，协调建筑功能与风环境的关系，在满足人的有效使用前提下，创造有利的室外风场，消除和减少不利风场。

此外，建筑室外风环境对建筑能耗也有一定影响。适应气候环境的建筑古已有之，随着当代数字技术的推广，一些建筑师也开始探索适应风环境的高能效、数字化的绿色建筑设计，这也是时代给建筑师们提出的新挑战。风对驱散城市空气污染、减少雾霾天气也具有不可替代的作用，如何在城市规划布局中预留和打通城市风道也成为目前城市规划研究的重要课题。

2.1.2　风玫瑰图

风玫瑰图是在极坐标底图上绘制的一个地区在某一时间段内的风向、风速的一种气候统计图，因其形似玫瑰花而得名。风玫瑰图包含风向频率玫瑰图和平均风速玫瑰图，一般大多采用风向频率玫瑰图[2]。风玫瑰图的极坐标一般为 8 个方向或 16 个方向，每个方向在极坐标上截取的长度与这个方向的风向频率或平均风速频率成正比，静风的风向频率为极坐标的原点（见图 2.2）。

现在，一些设计软件可以直接调用全球气象台网的气象数据，生成可以伴随时间波动的"在线式"风玫瑰图，并可高精度复合风向和风速频率，为设计师掌握建筑风环境提供了极大的便利条件（见图 2.3）。

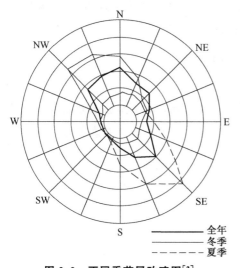

图 2.2　不同季节风玫瑰图[2]

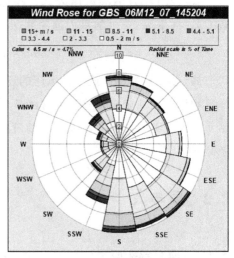

图 2.3　风向风力组合玫瑰图

（采用 Autodesk insight 制作）

在风玫瑰图中，风从外缘吹向圆心，径向最长者即为当地主导风向。建筑物的位置、朝向设计与当地主导风向有密切关系。清洁度要求高的建筑物，如住宅、病房、手术室、洁净厂房等，应尽量布置在主导风向的上风向；有污染气体或气味排放的建筑，如工厂、锅炉房、垃圾场、药厂、厨房等，应尽量布置在主导风向的下风向，以保证清洁建筑免受污染建筑排放的有害物的影响。

风玫瑰图也有局限性，特别是在地形、地貌变化较大的地区，局部风向、风速都会发生显著改变。因此，在进行城市空间布局和建筑设计时，要充分考虑地方微气候的变化。

2.1.3 风压

由于建筑物的阻挡，使四周空气受阻，动压下降，静压升高。侧面和背面产生局部涡流，静压下降，动压升高。与远处未受干扰的气流相比，这种静压的升高和降低统称为风压。根据伯努利方程，得出的风压计算公式为

$$w_p = 0.5 \rho v^2 \qquad (2.1)$$

式中　w_p——风压，kN/m^2；

　　　v——风速，m/s。

式（2.1）为标准风压公式。在标准状态下（气压为 101.3kPa，温度为 15℃），纬度为 45°处的重力加速度 $g = 9.8m/s^2$，可得

$$w_p = v^2/1600 \qquad (2.2)$$

式（2.2）为用风速估计风压的通用公式。

提示： 空气密度随纬度和海拔而变。一般来说，ρ 在高原上要比在平原地区小，也就是说，同样的风速在相同的温度下，其产生的风压在高原上比在平原地区小。

2.2　风与人

2.2.1　风与舒适度

为了对风的作用或对物体的影响加以定量描述，人们从不同角度提出了风力的评价标准。在国际上一般用蒲福风级（Beaufort scale）来描述风速及其作用。蒲福风级是 1805 年英国水道测量专家弗朗西斯·蒲福（Francis Beaufort）根据风对地面物体或海面的影响程度而定出的风力等级，最初分为 0～12级（后扩展为 0～17 级，其中 13～17 级一般仅用于特殊场合，如测量热带风暴等），如表 2.1 所示。

表 2.1 蒲福风级（作者整理绘制）

风级	风的类型	10m 处的风速/(m/s)	标志性陆地征象	标志性海面征象	对应风压/(kg/m²)
0	无风	0～0.2	烟直上	海水如镜	0～0.0025
1	软风	0.3～1.5	烟能表示风向，风向标不转动	微波峰无飞沫	0.0056～0.014
2	轻风	1.6～3.3	人面感觉有风，树叶微动，风向标不转动	小波峰未破碎	0.016～0.068
3	微风	3.4～5.4	树叶及树梢摇动不息，旌旗展开	小波峰顶破裂	0.72～1.82
4	和风	5.5～7.9	吹起地面灰尘、纸屑，小树枝摇动	小浪白沫波峰	1.89～3.9
5	劲风	8.0～10.7	小树摇摆，河面起层波	中浪折沫峰群	4～7.16
6	强风	10.8～13.8	大树枝晃动，电线有声，撑伞困难	大浪白沫离峰	7.29～11.9
7	疾风	13.9～17.1	整树摇动，逆风行不便	破峰白沫成条	12.08～18.28
8	大风	17.2～20.7	树枝折断，行进受阻	浪长高有浪花	18.49～26.78
9	烈风	20.8～24.4	小损房屋（烟囱、屋面破坏）	浪峰倒卷翻滚	27.04～37.21
10	狂风	24.5～28.4	树木拔起，建筑物受损严重	海浪翻滚咆哮	37.52～50.41
11	暴风	28.5～32.6	陆地少见，损毁重大	波峰全呈飞沫	50.77～66.42
12	飓风	32.7～36.9	巨大灾难	海浪滔天	66.42～85.1

在不同气候区和季节，风对人体的作用有很大不同。在炎热地区，街道风会带走人体或建筑产生的热量，使人感觉清凉；而在寒冷地区，风会加速人体散热，使体感温度降低，让人倍感寒冷。1923 年，Yaglou 提出将有效温度（感觉温度）作为对热环境进行评估的重要指标。当人体处于普通着衣状态进行一般性的轻度作业时，感觉温度的降低与风速成正比，尤其在高湿度的环境中，其降低量更显著。当气温高于 36℃时，通风反而不利于人体的舒适度，此时感觉温度会升高。这说明通风利用比较适用于热湿气候，不适合干热气候[3]。

在室外环境中，人们对风速的感应与室内不同。室外风速一般比室内高很多，人们更关注"不舒适性"。A. D Penwarden 等人通过对高度 2m，10min

至 1h 平均风速下人的舒适反应的观察，提出 5m/s 风速是人们开始感觉不舒适的临界风速；当风速为 10m/s 时，人们会明显感觉不舒适；当风速达到 20m/s 时，人会感觉不安全[4]。

2.2.2 风与空气污染

伴随我国城市化的高速发展、化石能源的无限制使用和污染工业的不合理分布，严重的大气污染成为众多地区的顽疾。对于大气污染的形成和扩散，风是最重要的媒介。风对大气污染物的作用可概括为以下四个方面[5]：

（1）传输作用。风的流动将污染物自上风向吹向下风向。

（2）湍流扩散。空气中的紊流扰动使污染物向周围扩散。

（3）分子扩散。由污染物本身的浓度梯度作用使污染物向四面八方扩散。

（4）地形作用。因地形与风场的联合作用使污染物累积或分散。

大量的城市建设与植被破坏造成了城市下垫面粗糙度直线上升，也对城市风速产生了影响。例如，上海市徐家汇地区风速计在同一地区进行测量，1981～1985 年风速比 90 年前小约 23.7%，而与此同时，对郊县地区的风速测量显示近 30 年的变化是有增有减，情况不确定。这说明了上海市区的风力的减弱是与城市活动、大量建设相关的[6]。国内外还有众多的研究表明，高层建筑林立的城市森林降低了城市风速，阻碍了污染物的扩散和建筑室内的通风。

在城市环境中，风速是影响城市空气质量的决定因素。风速越大，空气的清洁度越高。有关研究显示，城市污染物浓度随风速增加而加速下降。当风速高于 6m/s 时，空气污染物的浓度会显著降低；当风速小于 2m/s 时，空气污染物的浓度会急剧增加[7]。

近年来，我国城市雾霾天气广泛蔓延，为空气污染问题敲响了警钟。雾霾是特定气候条件与人类活动相互作用的结果。当人类活动所排放大量细颗粒物（$PM_{2.5}$）超过大气循环能力和承载度时，这些细颗粒物浓度将持续积聚，此时如果受静稳天气等影响，就容易出现大范围的雾霾。

2013 年 1 月，4 次雾霾过程笼罩 30 个省（区、市），在北京，仅有 5 天不是雾霾天。有报告显示，中国最大的 500 个城市中，只有不到 1% 的城市达到世界卫生组织推荐的空气质量标准，而世界上污染最严重的 10 个城市有 7 个在中国[8]。国家减灾办、民政部首次将危害健康的雾霾天气纳入 2013 年自然灾情进行通报。

形成雾霾灾害的原因非常复杂，主要原因是人类工业生产、出行、大气污染日益严重；此外，气象因素也是导致雾霾天气的重要成因。数据显示，冬季冷空气活动偏弱，风速小，稳定类大气条件长期保持的年份和地区，也容易形成严重的雾霾天气。一项来自雾霾重度高发区河北邢台的研究显示，风在 $PM_{2.5}$ 清除中占有至关重要的地位，较强的偏南风对空气质量的改善时间短，而系统性的北风对 $PM_{2.5}$ 的清除率最高，对空气质量改善最为彻底[9]。

2.3　风与建筑

城市中的气流遵循以下三条基本原则[10]：

（1）因为地表对气流的摩擦，接近地面的风速低于高空风速。在城市楼群环境中，楼层越高，风速就越大，风速与地面粗糙度有函数关系（见图 2.4）。

（2）由于空气的惯性特征，当气流碰到障碍物的时候，会绕过障碍物，保持原来的流向，这与水流相似。

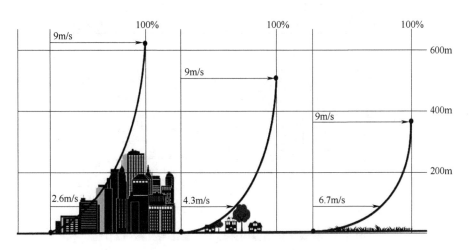

图 2.4　不同地表风速变化图[11]

（3）风总是由高压区吹向低压区。当阳光加热了地面上的空气，气压就会降低，而冷空气就会从周围的高压区流向这片被加热的土地，形成了风。

2.3.1 单体建筑的风环境

1. 理想正方体建筑

单体建筑周围的气流变化也是非常复杂的。在现实中,风是以紊流态吹向建筑,气流在建筑表面不断变化。为了理解气流现象,方便研究,假定理想的均匀气流垂直吹向理想建筑立方体,可以通过风洞实验或数字模型来了解理想建筑单体的风场变化。一般建筑周边风场的分布情况如下[13](见图 2.5):迎面气流是没有受到建筑影响的无阻挡气流,垂直指向建筑。气流前行撞在建筑界面发生分流,下部的分流撞击地面,形成反向涡流。相对迎风面,建筑顶面、侧面也分别形成相对低压区,并产生空气扰动涡流。气流绕过建筑后,继续前进,由于受挤压作用导致气流速度和压力剧烈改变,在建筑背风面形成相对负压涡流。绕过建筑的气流在一定距离后重新汇聚,形成尾流。

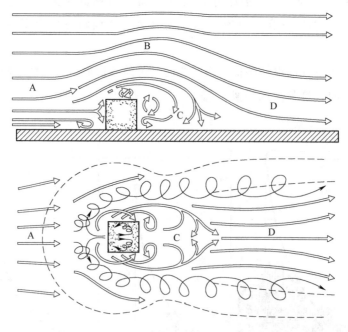

图 2.5 建筑单体周围的外环境 (改绘自文献[12])

A—无阻挡气流区;B—位移气流区;C—空洞区;D—尾迹区

2. 建筑高度的影响

建筑的高度对风的尾流区有明显的影响。一般而言,建筑越高,尾流区也成比例增长（见图2.6）。

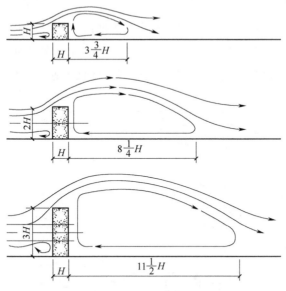

图 2.6　不同建筑高度对风的影响

3. 建筑迎风面长度的影响

同样，随着建筑迎风面长度的不同，风绕过建筑受到更大的阻力，建筑背风面的涡流区面积增大，但尾流相对长度比例减少，说明被建筑分开的风流以更快的速度合流，这也意味着在建筑山墙部位的风压和风速会更大些（见图 2.7）。

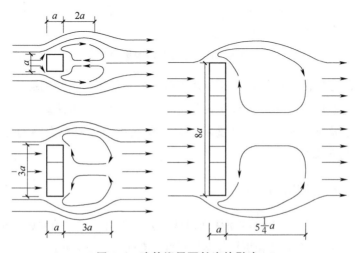

图 2.7　建筑迎风面长度的影响

4. 建筑形态的影响

建筑周围的风场受建筑形态的影响很大，通过风洞试验，Evans 对建筑周边的风场做了整理分析，提出了 20 种建筑平面的风场模式[14]，这些图可供广大建筑师做直观参考（见图 2.8）。图中箭头线密集之处表示风速较大，环状箭头表示涡流。可以看出，低压涡流区会显著降低风速，形成"风影"区。

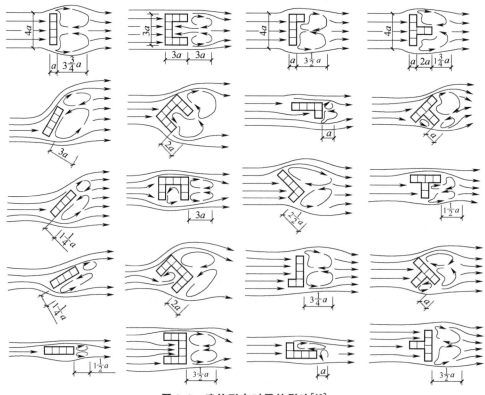

图 2.8 建筑形态对风的影响[10]

建筑的迎风面一般是高压区，背风面一般是低压区，当风绕过建筑边缘时会造成风速的增加。建筑师们可从上述图表中方便地了解建筑周围气流的总体特征，但建筑物的现实风场要复杂很多，现在更为普遍和准确的方法是采用 CFD 软件进行风场模拟。

2.3.2 群体建筑的风环境

在城市环境中，建筑群的整体通风效果是最为引人关注的问题。相比单体建筑，建筑群周围的气流变化更加复杂。在城市空间中，会常见到以下几种风场。

1. 城市街谷的平行气流

从城市地理学角度看，最常见的城市建筑空间形式就是"街谷"（street canyon）。所谓街谷就是在街道两侧由建筑墙面围合而成的类似峡谷的空间。理想的城市行列式布局的建筑之间、城市街道空间都可以看成是街谷。当风与街道平行或与街谷轴向小于30°入射角时，气流不会在街谷内产生涡流，只是沿着街道水平流动，但会因为街道断面的不断变化，产生渠道效应（channel effect）和文丘里效应（venturi effect），如图 2.9 所示。

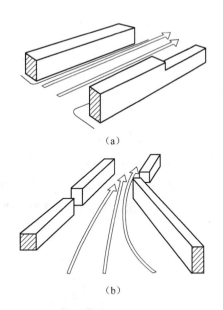

图 2.9　城市街谷的平行气流
（a）渠道效应；（b）文丘里效应

渠道效应是指流经街谷内的气流受到街道界面的影响，会沿着街道方向加速流动。渠道效应有助于驱散空气中的污染物，但过高的风速可能影响行人的舒适感。渠道效应与街道两侧建筑的高度、街道宽度和街道长度有关。

文丘里效应又称为缩流效应，是指当风由宽阔的街道区域吹入狭窄区域时，产生的流体加速现象，这和液体流过漏斗的过程类似。渠道效应和文丘里效应都遵循流体的伯努利原理，即

$$动能＋重力势能＋压力势能＝常数$$

也可表示为

$$p + \rho v^2/2 + \rho g h = C$$

式中　p——流体中某点的压强；

v——流体该点的流速；

ρ——流体密度；

g——重力加速度；

h——该点所在高度；

C——常量。

2. 城市街谷的跨谷涡流

当风垂直吹向街谷时，在街谷内会产生涡流（见图 2.10）。街谷的纵横比（H/W）决定了不同的流型，随着街谷纵横比的递增，街道空间中依次产生

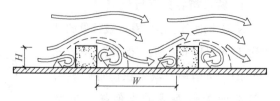

图 2.10　城市街谷的跨谷涡流

了孤立的粗糙度流（isolated roughness flow）、后干扰流（wake interference）和滑行流（skimming flow），如图 2.11 所示。有关街谷的一系列研究显示，涡流的数量与强度、街道两侧建筑的相对高度、风的流速都有很大关系。此外，街道上的交通、建筑的屋顶形式也会对街谷风产生影响。

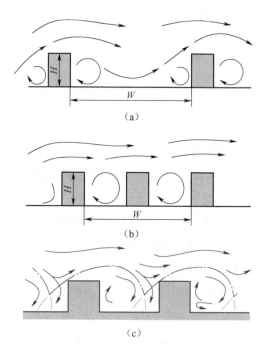

(a)

(b)

(c)

图 2.11　城市街谷的垂直气流模式对比[15]

(a) 孤立的粗糙度流；(b) 滑行流；(c) 后干扰流

在街道两侧，接近地面处都会产生涡流，这种涡流可以沿着街道水平向延展，但街道两侧的涡流旋转方向不同。

以上结论是在没有考虑阳光、温度和热岛效应等因素下，基于风洞试验或模拟分析方法得出的，实际风场情况要更为复杂，因此精确预测风场十分困难。

3. 城市街谷的多层堆叠涡流

以上提到的城市街谷的平行和垂直风场，是针对街道两侧近似相同高度、中等宽阔的街谷（一般纵横比 $H/W<1$）、中等风速等一般条件下适用的，当 H/W 的值很大，即街道空间狭窄、深邃时，从建筑屋顶掠过的风产生了涡流，由于街谷空间窄而深，这个涡流还没有触及地面就与建筑墙面相碰撞，产生了第二次（或更多次）反向涡流（见图 2.12）。

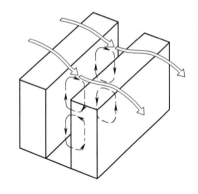

图 2.12 城市街谷的堆叠涡流

堆叠涡流造成了街谷中气流的减慢，上下气流交换不畅，容易造成污浊空气在谷底的滞留。在城市街道中，大量车辆在街道行驶，汽车尾气、建筑烟尘等容易在这样的街道上长久积聚，造成严重的空气污染。

4. 城市街谷的螺旋涡流

当风以与街谷轴线成 45°左右的入射角吹入街谷时，风会同时做平行水平流动和涡流两种矢量运动，其合成结果形成了螺旋涡流。螺旋涡流的运动特点也介于水平流与涡流之间（见图 2.13）。

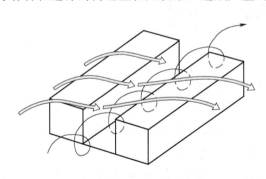

图 2.13 城市街谷的螺旋涡流

街谷中的气流形态也受到周围建筑的热环境和街道车辆的影响，如太阳辐射加热了建筑墙面，造成墙面附近的气体也被加热上升，如果上升气流正好与街谷中的涡流方向一致，这股热气流就会加强涡流；如果热上升气流与涡流相反，则会减慢上升气流，或者形成新一层反向涡流。同理，街道中行驶的车辆也会带动周围的空气运动，一同加入街谷的气体运动。

5. 高楼风

当代城市，尤其是大城市中心，为了增加土地使用效益、提高建筑面积，高层建筑林立。在高层建筑附近，常会出现瞬息万变的强风，这常会给路过的行人造成强烈的不舒适感，甚至行走困难。这种高层建筑周围的变幻莫测的风就是"高楼风"。

当城市气流遇到高层建筑时，会在建筑的 2/3 高度左右分成上下左右的分流，其中左右方向的风由于受建筑物表面低压区的吸引，变成从上往下冲的劲风（见图 2.14）。

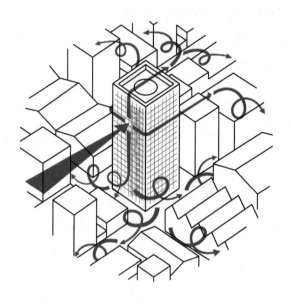

图 2.14　高楼风[16]

下冲风一旦落到地面便向上方反向流动，形成涡流，在高层建筑前有低层建筑的情况下，这种涡流现象更加明显，风力更强。

下冲风与涡流随建筑高度的增加会变得更强，甚至会威胁到高层建筑周边一些低层轻质建筑的安全。高楼风所带来的低层区域的气流旋涡，会夹杂着纸屑、树叶、雪花、沙粒、垃圾碎屑等旋转飞舞，影响街道景观和环境舒适度。

如果在高层建筑附近布置一定区域的多层或低层的建筑，高层建筑的下冲风就会与多层建筑屋顶掠过的气流相遇，形成复杂的交错涡流，这一方面可以降低高层下冲气流的风速，使人行道少受高层建筑下冲风的影响。另一方面，在低矮建筑屋顶部分形成的交错涡流能够夹带走积聚在低矮建筑上部的污浊空气，起到加强低矮建筑通风、净化空气的作用。所以，如果在多层建筑区的适当位置布置少量高层建筑，利用高楼风来改善低层建筑的通风效果，也是很实用的规划布局方法。

2.4 绿色建筑的外部风环境优化设计

在建筑设计中，风环境的"优化设计"更多的意义是一种倾向性选择设计，因为建筑设计本身是主观性的创作过程，通过设计所要解决的问题没有唯一解，从不同的视角来分析和解决设计问题，可能会得到完全相反的答案。例如，在寒冷地区的冬季，从建筑风环境的视角考虑，居住区布局最好采用狭窄的街道，更高的建筑密度，这样有利于降低风速。而这却与建筑争取日照相矛盾，建筑师在这种情况下就要做出取舍选择，可以选择有利通风，或者选择有利采光，再或者选择折中方案。

值得注意是：不同气候区、不同城市对环境舒适度的要求大相径庭，结合不同地域气候，借鉴地域建筑的生态节能设计方法是本章讨论的前提。综上所述，本章提出的风环境优化设计是基于一定限定条件的选择性策略，并通过图示语言介绍给建筑师，以供设计中参考。

2.4.1 设计标准与原则

建筑师对外部风环境的了解和研究可以帮助做出更好的设计决策，以下通过对《绿色建筑评价标准》（GB/T 50378—2014）有关条文规定的梳理归纳，总结技术要点，为绿色建筑设计提出一个切实有效的参考。

该标准中有关室外风环境的条文如下：

4.2.6 场地内风环境有利于室外行走、活动舒适和建筑的自然通风，评价总分值为 6 分，并按下列规则分别评分并累计：

1. 在冬季典型风速和风向条件下，按下列规则分别评分并累计：

（1）建筑物周围人行区风速小于 5m/s，且室外风速放大系数小于 2，得 2 分。

（2）除迎风第一排建筑外，建筑迎风面与背风面表面风压差不大于 5Pa，得 1 分。

（条文解释：冬季建筑物周围人行区距地 1.5m 高处风速 V<5m/s 是不影响人们正常室外活动的基本要求。建筑的迎风面与背风面风压差不超过 5Pa，可以减少冷风向室内渗透）

2. 过渡季、夏季典型风速和风向条件下，按下列规则分别评分并累计：

（1）场地内人活动区不出现涡旋或无风区，得 2 分。

（2）50％以上可开启外窗室内外表面的风压差大于 0.5Pa，得 1 分。

（条文解释：夏季、过渡季通风不畅在某些区域形成无风区和涡旋区，将影响室外散热和污染物消散。外窗室内外表面的风压差达到 0.5Pa 有利于建筑的自然通风）

利用计算流体动力学（CFD）手段通过不同季节典型风向、风速可对建筑外风环境进行模拟，其中来流风速、风向为对应季节内出现频率最高的风向和平均风速，可通过查阅建筑设计或暖通空调设计手册中所在城市的相关资料得到。本条的评价方法为：设计评价查阅相关设计文件、风环境模拟计算报告；运行评价查阅相关竣工图、风环境模拟计算报告，必要时可进行现场测试。

从该标准要求可以看出，建筑群的布局对小区的风环境有很大影响，不合理的建筑布局，对建筑节能不利。良好的风环境应该保证：①冬季热负荷小；②夏季自然通风良好；③风速符合行人舒适度要求；④污染物和室外热量容易散发。因为风的流体特征非常复杂，在大数据时代，采用 CFD 软件进行模拟计算和交互式图形化的环境分析展示成为建筑师普遍采用的方法。

CFD 数字化模拟方法高效直观，便于理解交流，对大部分从业建筑师来说，可以通过这样的软件模拟，了解不同方案的风环境设计缺陷或设计优势。在前期设计阶段，做多方案比较研究；在扩初和施工图设计中，帮助选择更优化的技术措施。这对城市建筑群的整体绿色设计还是具有重要意义的。

2.4.2 CFD 辅助分析与设计

CFD 技术是早期风洞实验技术的数字化延伸，与传统风洞实验相比，CFD 技术具有节约时间、节约成本 、安全可靠等优点；但高精度的实时模拟受限于计算机的运算能力、前处理公式参数的边界条件设定、物性参数等的定义与选择是否恰当，以及计算后置处理是否准确等方面的影响。目前，CFD 技术还无法完全代替风洞实验，一些重要项目的复杂计算结果还有赖于风洞实验加以验证校核。

在建筑领域的 CFD 技术首先应用在建筑结构和空调设计中，近些年来，随着绿色建筑技术的发展和社会需要，建筑师也开始接触和运用 CFD 软件进行建筑方案设计。

在建筑外部风环境数字模拟中，常见的 CFD 软件都可以胜任。市场常见的 CFD 软件有 Phoenics、Airpak、Fluent、IES-VE、STAR-CD、CFX 等；国内的 PKPM、绿建斯维尔软件等也拓展了 CFD 模块。而随着高速互联网的发展，Autodesk CFD、Simscale 等软件都开发了云端式的 CFD 计算功能，这种云端 CFD 软件的好处是把大数据的计算交由网络服务器完成，在一定精度下，可以基本做到实时交互，也可以通过共享数据完成团队开发工作，是未来数字模拟技术和智能化城市建设的新发展方向。

1. CFD 辅助风场分析

与建筑内部环境的气流模拟相同，建筑外部风环境模拟也需要建立模型、计算公式选择、网格参数与其他边界条件设定、后处理设置、交互显示等过程。在建筑工程中可以帮助预测和分析气流运动规律，分析风速、风压分布规律（见图 2.15）。

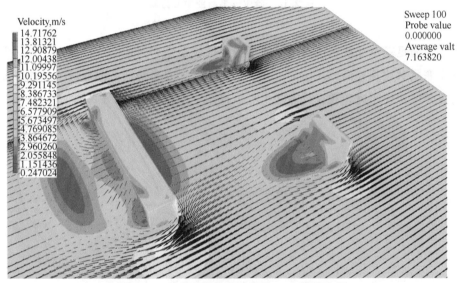

图 2.15　不同长度建筑单元体 CFD 模拟分析

2. CFD 辅助建筑能效设计

适应风环境的建筑设计的一个重要目标就是在满足功能要求的前提下，降低冬季采暖和夏季空调能耗。在建筑群体布局中，如果能在 CFD 软件计算优化比较的基础上，利用建筑布局、朝向、体型、开窗等因素减少季节盛行风对建筑能耗的不利影响，就达到了节约能源、提高建筑能效的目的。

例如，哈尔滨市某商业综合中心方案设计（见图 2.16），设计初期就用 CFD 软件对多种方案进行比较分析。哈尔滨地处严寒地区，该方案的设计理

图 2.16　哈尔滨某商业中心方案

（设计/制图：晁军、徐松月、王雨等）

念是在满足基本功能的前提下，考虑当地气候条件和商业文化特点，尽量减少冬季寒风对建筑外墙的风压力，在建筑设计概念方案初期，就开展了多种方案的风环境比较研究，在设计方法上可以算作"试错法"（见图 2.17）。

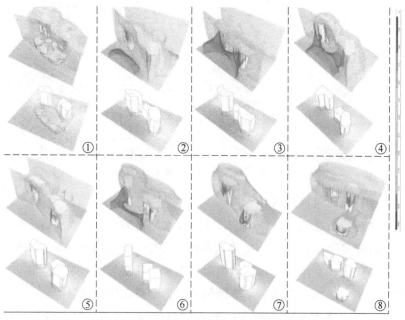

图 2.17　哈尔滨某商业中心冬季风压分布多方案比较图

（设计/制图：晁军、王雨、徐松月）

在此基础上，采用了参数化表皮设计的方法，根据气象资料，通过 CFD 软件计算出冬季最大风压图，并作为干扰因子赋予三栋高层建筑的外表皮，达到开窗面积尺寸与风压成反比，这样既增加了个性和现代感，又符合节能逻辑。

但这样设计造成立面开窗形态不规则，施工复杂，浪费材料，有违绿色建筑宗旨。为了减少建筑的复杂性，实现一定程度的标准化和模数化，各建筑立面采用了"像素化"处理，即用模数化的直线来表达曲线形态（见图 2.18）。这个设计案例从很多方面看还有不少缺陷，但所展示的建筑能效设计思想和对风环境的优化设计方法，还是值得建筑师思考和深入研究的。

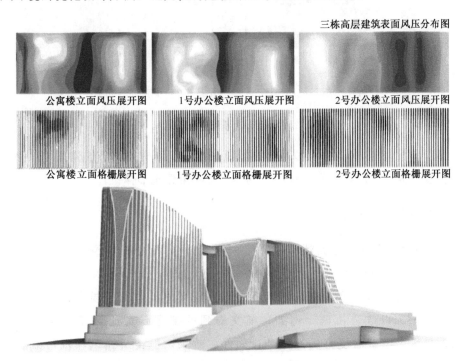

三栋高层建筑表面风压分布图

公寓楼立面风压展开图　　　1号办公楼立面风压展开图　　　2号办公楼立面风压展开图

公寓楼立面格栅展开图　　　1号办公楼立面格栅展开图　　　2号办公楼立面格栅展开图

图 2.18　风环境优化的"像素化"表皮

（设计/制图：晁军、徐松月、王雨等）

3. CFD 辅助空气污染模拟分析

对首尔的一项研究显示，在城市中观尺度上，可以通过 CFD 方法结合空气质量模式 CMAQ 模型了解污染物扩散情况[17]（见图 2.19）。研究结果显示，建筑的几何形式和移动污染源的状况（如 NO_2 与 O_3）对污染物的扩散影响很大。污染气体在高层建筑区域扩散速度呈指数增加。

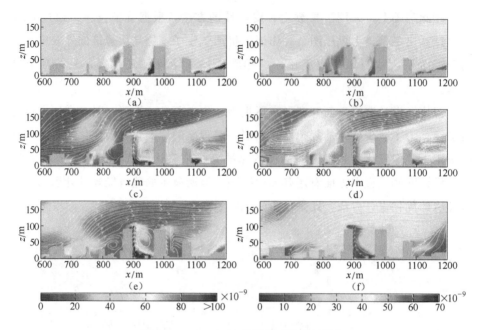

图 2.19　NO₂ 与 O₃ 积聚与扩散模拟[17]

这个案例说明 CFD 模拟可以在城市街区尺度上模拟污染气体的扩散路径和扩散速度，以便在工程设计中帮助建筑师决策建筑形体设计。

2.4.3　风环境协调

在工程设计中，不是建筑师没有风环境意识，而往往是没有一个项目可以满足所有的环境目标。

城市规划和建筑设计往往需要同时满足互相矛盾的气候设计目标，建筑师必须加以取舍协调。例如，前文提到的街道高宽比（H/W），H/W 的值越大，将会有更好的遮阳和夜间保温效果，但街道通风和抗污染能力就会下降。有研究做了数据比对和权衡，认为 H/W 取值在 $0.4\sim0.6$ 最佳。

这仅仅是单要素研究，已经面临十分复杂的问题，而实际工程项目要面临更多相互矛盾的气候环境要素，还要面对投资、文化、技术等一系列因素加以权衡取舍，问题的复杂性可见一斑。所以，对建筑师而言，永远没有最佳方案，但却一直有一个确定的方向指引。设计的乐趣大概也在此。

3 建筑通风与绿色建筑

19 世纪，建筑通风（Ventilation）这一概念就已经被提出来了，主要从利用自然通风来提高热舒适度方面来加以运用。到 20 世纪，人们较为普遍地使用敞开式火炉取暖。由于敞开式火炉在燃烧时会与较多的空气接触，会产生很多烟气，进而引发呼吸系统疾病的传播，许多人都被确诊为肺结核病症。也正是在这个时期，烟囱才开始被使用，而即便应用了烟囱，室内烟气还是不能有效地减少，污染还是较为严重。经过很长一段时间，火炉才逐渐得到了改进，人们在火炉上端增加了烟气隔板，这样既能达到供热的目的，又能导走产生的大量烟气。此后，人们对室内空气污染也就更加关注了。

建筑通风是指将室外空气引入建筑物或者房间内，将建筑物室内原有污浊空气排出，以满足室内人员对于室外空气特别是氧气的要求，从而让室内空气符合卫生与健康标准。就建筑通风最初的目的而言，是为了满足向室内提供新鲜空气的要求；而随着室外空气引入建筑物室内，与室内热湿环境相结合，建筑通风也承担起满足室内人员热舒适度的全部或者部分任务。例如，通过自然通风在过渡季节提高室内人员热舒适度，或者与空调系统相结合来满足室内人员热环境要求。

绿色建筑，又称为可持续建筑，是指在建筑的全生命周期内环境友善和资源高效的建筑，这个全生命周期包括建筑的规划、设计、施工、运营、维护、改建直至建筑被拆除的整个过程。绿色建筑的实践可以通过高性能的规划、设计、施工和运营在很大程度上减少甚至消除建筑物对于环境的负面影响。根据《绿色建筑评价标准》（GB/T 50378—2014）的定义，绿色建筑是在建筑的全生命周期内，最大限度地节约资源（节能、节地、节水、节材）、保护环境、减少污染，为人们提供健康、适用和高效的使用空间，与自然和谐共生的建筑[18]。绿色建筑的这个定义可简单归纳为"四节两环保"，即节能、节地、节水、节材以及室外环境保护与室内环境质量提升。建筑通风与绿色建筑紧密相关，建筑通风不仅与建筑室内环境空气质量、人员舒适度紧密相关，对建筑能耗也有相当大的影响，建筑室外风环境也与建筑室内通风有密切关系，这些都是绿色建筑"四节两环保"的重要内容。

3.1 建筑通风分类

3.1.1 建筑自然通风

自然通风是利用热压和风压提供适量的室内空气流动速度以达到维持适宜室内风环境的方式。建筑自然通风通常意义上指通过人为设置的门、窗、天井等洞口，利用建筑物门、窗等开口处存在压力差而产生的空气流动，形成热压或风压回路，引导室内空气与室外空气的流动交换或建筑内部空气进行流通交换。按照产生压力差方式的不同，自然通风可分为风压自然通风、热压自然通风、风压与热压相结合的自然通风。风压自然通风与室外风速、风向以及风口面积直接相关，具有很大的变化性和不可控性；热压自然通风与室内外温差、进出风口高度差以及风口面积直接相关，相对来说稳定性更强。

当风吹到建筑物上时，会使建筑物周围的空气压力发生变化，风压的原理就是利用建筑迎风面和背风面之间的压力差来实现的，而且压力差的大小与建筑的外形、建筑与风的角度和建筑外环境等因素有关。在建筑物的迎风面上，空气流动受阻，动压降低，静压增高，形成正压区，室外空气就会从开启的外窗或窗缝进入室内；而在建筑的背风面、屋顶和两侧，由于室外空气绕过建筑物流动，静压降低，形成负压区，室内空气又会从窗口或缝隙流向室外，室内外空气进行交换，形成常说的"穿堂风"（见图 3.1）。当风吹过阻挡物时，在阻挡物的背风面上方端口附近气压相对较低，产生吸附作用并导致空气流动，形成更好的通风效果[19]。

热压是由于室内外空气温度不同而形成的重力压差，它的大小跟室内外温度差和建筑高度有关。当室内空气温度高于室外空气温度时，室内热空气因其密度小而上升，造成建筑内上部空气压力比建筑外大，空气从建筑物上部的孔洞（如天窗等）处逸出；同时，在建筑物下部压力变小，室外较冷而密度较大的空气不断地从建筑物下部的门、窗补充进来，这样室内外就形成了连续不断的换气（见图 3.2）。

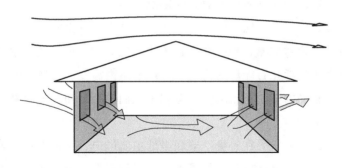

图 3.1 风压自然通风示意

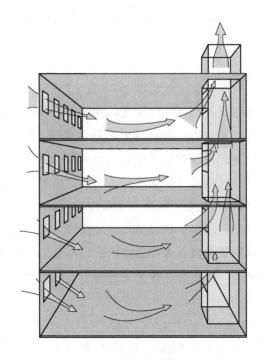

图 3.2 热压通风示意

　　实际建筑中的自然通风是风压和热压共同作用的结果，只是各自的作用有强有弱。但对于某一特定建筑物而言，环境中风力与风向是动态变化的，所以风压与热压共同作用下的自然通风不能简单叠加。因此，建筑师要充分考虑各种因素，使风压和热压的作用相互补充，密切配合，实现建筑物的有效自然通风。

　　自然通风是一种改善人舒适度和环境宜居度的重要技术手段。在世界范围内，许多传统建筑均体现着自然通风的影响。例如，中国传统民居设计中经常出现的高脚楼、内天井、四合院、多进空间、穿堂风等空间布局处理手法。自然通风具有技术相对成熟、维护容易且廉价等优势。通过合理的建筑设计，自然通风可以在不消耗化石能源的情况下，调节室内温度、置换室内水蒸气和二氧化碳等含量较高的空气及污染物，有利于人们的生理和心理健康，减少人们对空调系统的依赖。

自然通风的主要缺陷在于受季节和当地主要风向、风速影响较大，同时在进深较大建筑中通风路径较长，如果平面布局较复杂，风在运动过程中阻力加大，风压与热压都没有足够的动力形成理想的自然通风。在满足自然通风比较困难的条件下，就需要采用机械辅助通风或者机械通风的方式来满足室内通风需要。

3.1.2 机械辅助通风

机械辅助通风是指借助机械辅助装置，如风扇或者通风器等，改变局部空间的风速与风量，以达到所需新风量或者热舒适范围，使室内人员感觉舒适。在一些建筑中，由于室外风速较小或者室内通风路径较长，流动阻力较大，单纯依靠自然风压与热压往往不足以实现自然通风，可使用电风扇和吊扇，或在楼顶安装通风器等方式。机械辅助通风在实际应用过程中一般不设置通风管道，而是主要利用风扇、吊扇、机械排风、墙式通风器、窗式通风器、屋顶通风器等简单方式，通过机械辅助来促进室内通风与对流。机械辅助通风消耗的能源一般比机械通风小，且比自然通风更易获得室内热舒适，特别是在大空间内部自然通风效率低下的区域。

窗式通风器（Trickle Ventilator）起源于北欧，主要是为了满足寒冷气候条件下室内的最低要求的通风需求。窗式通风器因为通风量可控，可以解决因开窗而造成的冷风渗透使室内温度过低的问题，同时可满足室内最低程度的人员通风需求。在南方气候条件下，窗式通风器主要适用于冬季，解决无新风系统建筑特别是住宅建筑的冬季新风需求。室内人员可以通过调节通风器来控制房间通风量的大小（见图3.3）。

屋顶通风器又称为屋顶自然通风器、屋面自然通风器等，主要依据空气动力学中风作用于物体时，迎风面为压力，背风面及顺风向的侧面为吸力进行设计。屋顶通风器可分为条形屋顶通风器和球形屋顶通风器（见图3.4）。

图 3.3　窗式通风器

图 3.4　屋顶通风器

　　英国诺丁汉大学朱比丽校区建筑采用了结合新风热回收功能的屋顶通风器，这种通风器结合了转湿轮（Enthalpy Wheel），通过对排出的空气进行热回收，从而可以预热或者预冷进入的新鲜空气，并且可以根据需要对空气进行加湿处理。通过这个一体化通风热回收装置，可以对空气进行有效处理，节约设备空间，并在建筑设计上形成特色（见图 3.5 和图 3.6）。

图 3.5　英国诺丁汉大学朱比丽校区结合新风热回收功能的屋顶通风器

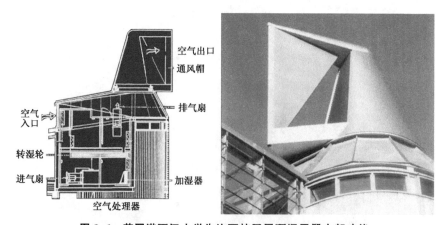

图 3.6　英国诺丁汉大学朱比丽校区屋顶通风器内部功能

3.1.3　机械通风

　　机械通风是指依靠风机提供的风压，通过管道和送、排风口系统将室外新鲜空气或经过处理的空气送到建筑物的各个房间；还可以将建筑物内受到污染的空气及时排至室外，或者送至净化装置处理合格后再予排放[20]。

　　机械通风主要分为正压通风和负压通风两类。正压通风是将风鼓入室内，使室内气压高于室外从而空气向室外流动；负压通风使用抽气机械从室内抽出空气，再因室内低压作用从室外或者其他房间吸进新鲜空气；也有两者同时使用的情况。

在建筑环境控制系统中，在很多情况下建筑机械通风系统与空调系统是相结合的。例如，商业和办公建筑空调系统很多是与通风系统相结合的，环境控制系统既承担供热制冷、空气调节功能，又承担室内的通风功能。建筑通风空调根据不同形式可按照以下标准分类。

1. 按机械通风设备的设置情况分类

（1）集中式空调系统：集中式空调系统是将各种空气处理设备和风机都集中设置在一个专用的机房里，对空气进行集中处理，然后由送风系统将处理好的空气送至各个空调房间中。

（2）半集中式空调系统：除有集中的空气处理室外，在各空调房间内还设有二次处理设备，对来自集中处理室的空气进一步补充处理。

（3）全分散式空调系统：将空气处理设备、风机、控制系统及冷、热源等均组装在一起的空调机组，直接放在空调房间内就地处理空气的一种局部空调方式。

2. 按负担室内负荷所用的介质种类分类

（1）全空气系统：空调房间内的热、湿负荷全部由经过处理的空气来承担的空调系统，送入房间内只有处理后的空气。

（2）空气-水系统：空调房间的热、湿负荷由经过处理的空气和水共同承担的空调系统，送入房间的是冷热水及空气。

（3）制冷剂直接蒸发系统：制冷系统的蒸发器/冷凝器直接设置在室内来蒸发制冷剂以吸收房间热、湿负荷的空调系统。

3. 按服务对象分类

按服务对象不同，机械通风设备可分为舒适性空调和工艺性空调。舒适性空调通常应用于家庭或公共场所；工艺性空调通常应用于工厂、实验室等对空气有特殊要求的场合。

随着技术的发展与人们对于室内环境空气质量要求的提高，独立新风系统在市场上也越来越多。通风系统与空气调节系统各自为一套独立系统，空调系统主要负责解决室内的热湿负荷，通风系统主要解决室内的新风需求。

3.2 建筑室内主要污染物

建筑室内污染物主要分为四类：

（1）建筑环境本身的材料及装修、家具带来的有毒、有害气体。

（2）人及生产、活动产生的不良、异味气体等。

（3）建筑与房间内生长的细菌与霉菌。

（4）通过室外进入室内的污染物，如 $PM_{2.5}$ 等。

3.2.1 有毒物质

常见的室内有毒物质包括甲醛、苯系物、可挥发性有机物、石材产生的放射性氡和粉尘，日常生活中的氨、香烟燃烧和炊事产生的二氧化硫、氮的氧化物，存放衣物可能使用樟脑而分解出的萘以及吸烟产生的毒害气体等[21]。

1. 甲醛

甲醛（化学分子式 HCHO）是一种无色、有强烈刺激性气味的气体，易溶于水、醇和醚。标准状态下，甲醛为气体，生活中通常以水溶液和气态形式出现。急性甲醛中毒为接触高浓度甲醛蒸气引起的以眼、呼吸系统损害为主的全身性疾病。

甲醛浓度超过一定限度，可引起眼红、眼痒、咽喉不适或疼痛、声音嘶哑、打喷嚏、胸闷、气喘、皮炎等症状[22]。甲醛浓度过高，会引起急性中毒，表现为咽喉烧灼痛、呼吸困难、肺水肿等。若人体长期暴露于室内低浓度甲醛中，会刺激 IgG 抗体产生和 T 淋巴细胞比例减少[23]。

2. 苯系物

苯系物是指芳香族有机化合物，为苯及其各类衍生物的总称，是最常见的人类活动排放的污染物。广义上的苯系物理论数量可高达千万种以上，常见且稳定的室内苯系物主要包括苯、甲苯、乙苯和二甲苯四类[24]。

20 世纪 80 年代，随着微环境空气污染问题的日益严重和人们对微环境空气品质的关注，苯系物污染的研究重点开始转移到微环境空气领域。许多学者对各种类型微环境空气中苯系物污染进行研究，包括浓度水平、污染特征、典型来源和人体暴露量等。最早开始研究的是居民家庭微环境空气中的苯系物污染状况，随后开始关注办公室、商场、饭店等其他类型微环境的空气质量及健康风险。

3. 可挥发性有机物

可挥发性有机物（VOCs）是另外一类室内常见污染物。依据美国环保署标准，可挥发性有机物是指除 CO、CO_2、H_2CO_3、金属碳化物、金属碳酸盐和碳酸铵外，任何参加大气光化学反应的含碳化合物。可挥发性有机物种类多样，室内可挥发性有机物主要来源于油漆、涂料、胶粘剂和人造板材等。研究人员通常把室内所有影响空气品质的可挥发性有机物统称为总挥发性有机物（TVOC）。

TVOC 的危害很明显，当房间中 TVOC 浓度超过一定浓度时，对人体健康的影响主要是刺激眼睛和呼吸道，使皮肤过敏，使人感到头痛、恶心、呕吐、四肢乏力，严重时会抽搐、昏迷、记忆力减退，伤害人的肝脏、肾脏、大脑和神经系统。在《民用建筑工程室内环境污染控制规范（2013 版）》（GB 50325—2010）[25]中，室内空气中 TVOC 的含量已经成为评价室内空气质量是否合格的一项重要指标。表 3.1 列出了该规范规定的各类主要有毒污染物上限值。

表 3.1　　　　　　　　　　各类主要有毒污染物上限值

污染物	Ⅰ类民用建筑	Ⅱ类民用建筑
氡/(Bq/m^3)	≤200	≤400
甲醛/(mg/m^3)	≤0.08	≤0.1
苯/(mg/m^3)	≤0.09	≤0.09
氨/(mg/m^3)	≤0.2	≤0.2
TVOC/(mg/m^3)	≤0.5	≤0.6

3.2.2　人体代谢产物

人体代谢产物主要以气体的形式在室内形成污染物，主要是口腔、汗腺、肺部自然排放的浊气。呼吸产生的二氧化碳在空气中含量过高会引起嗜睡、注意力不集中、呼吸不畅等不良反应，影响正常生产工作和生活质量。国家标准《室内空气中二氧化碳卫生标准》（GB/T 17094—1997）[26]中规定，室内空气中二氧化碳卫生标准日平均值不超过 0.10%（或 $2000mg/m^3$）。在此标准规定下，已有约 5% 的人无法保持注意力集中或出现身体不适的情况。在其新的建议修订版中，二氧化碳卫生标准值上限已经被建议修改为 0.09%。

3.2.3　细菌和霉菌

在国内外一些建筑实例中，室内人员生活在细菌和霉菌超标环境中引起了中毒、感染、过敏等后果，其中包括身体免疫系统的损害、短期记忆力减退、呼吸系统出血、上呼吸道感染和皮肤感染等[27]。已有文献[28]列举了暴露在霉菌环境中的各类过敏、中毒症状，论证霉菌等微生物对人体的危害。医学文献认为霉菌和真菌具有加重哮喘、过敏和超敏反应的特性[29]，并且在远离这种室内环境后的很长时间内，受到影响的人员仍会感觉症状没有完全消退。医学文献中列为毒性特别大的两类霉菌是曲霉属和葡萄穗霉属。由加拿大著名学者、环境学家大卫·铃木（David Suzuki）主持的一系列建筑环境教育片中也呈现了室内细菌和霉菌对人体健康的影响，并且列举了一些建筑因为室内细菌和霉菌生长无法控制而最后导致建筑被完全废弃的案例。在建筑物内，特别是在 20 世纪 80 年代以前外墙防水和施工质量不佳的建筑中，霉菌可以借助雨水通过墙体和楼板的渗漏等途径进行传播扩散。建筑室内的湿度过高、围护结构冷凝、室内通风不畅、空调盘管冷凝和积水是导致室内霉菌与细菌滋生的主要室内环境因素，因而在建筑设计、施工及运营中需要对此予以特别关注，通过提升建筑设计材料应用及运营水平避免室内细菌与霉菌的滋生。

3.2.4 细小颗粒物

1. $PM_{2.5}$

$PM_{2.5}$ 一般指细颗粒物，在医学和环境领域一般指环境空气中空气动力学当量直径小于和等于 $2.5\mu m$ 的可吸入颗粒物，其危害性主要是可以通过人体呼吸随体外空气进入肺泡，进而进入循环系统，在血管和身体内各个脏器处制造异常，引起病变。它能较长时间悬浮于空气中，其在空气中含量浓度越高，就代表空气污染越严重。$PM_{2.5}$ 对空气质量和能见度等有重要的影响。与较粗的大气颗粒物相比，$PM_{2.5}$ 粒径小，面积大，活性强，易附带有毒、有害物质（例如，重金属、微生物等），且在大气中的停留时间长、输送距离远，因而对人体健康和大气环境质量的影响更大。

$PM_{2.5}$ 细颗粒人为源主要是燃料燃烧或废弃物处理，如发电、冶金、石油、化学、纺织、印染等各种工业过程、供热过程、烹调过程中燃煤与燃气或燃油排放的烟尘，以及各类交通工具在运行过程中使用燃料时向大气中排放的尾气等。$PM_{2.5}$ 可以由硫和氮的氧化物转化而成，而这些气体污染物往往是由人类燃烧化石燃料（煤、石油等）和垃圾造成的。在发展中国家，煤炭燃烧是家庭取暖和能源供应的主要方式。没有安装先进废气处理装置的柴油汽车也是颗粒物的来源。燃烧柴油的卡车，排放物中的杂质导致颗粒物较多。在室内，吸烟是细颗粒物最主要的来源。此外，一些研究人员也认为热电厂的废气处理采用的湿法除硫工艺也是导致我国室外环境中 $PM_{2.5}$ 浓度过高的主要原因之一[30]。

长期暴露在细颗粒物环境中可引发心血管病和呼吸道疾病甚至肺癌。当空气中 $PM_{2.5}$ 的浓度长期高于 $10\mu g/m^3$，就会使死亡风险上升。空气中 $PM_{2.5}$ 浓度每增加 $10\mu g/m^3$，总死亡风险上升 4%，心肺疾病带来的死亡风险上升 6%，肺癌带来的死亡风险上升 8%。此外，$PM_{2.5}$ 极易吸附多环芳烃等有机污染物和重金属，使致癌、致畸、致突变的概率明显升高[31]。

2. PM_{10}

PM_{10} 一般指可吸入颗粒物，通常是指粒径约 $10\mu m$ 的颗粒物。这类污染物在环境中随空气飘浮持续的时间很长，对人体健康和大气能见度的影响都相对较大。其来源主要为机动车尾气排放物、路面材料经过碾磨以及被风扬起的尘埃。PM_{10} 级别颗粒物可以随着人体吸入的空气进入呼吸系统并在其中累积，在肺部为细菌和病毒提供抵抗人体免疫的空间。生态环境部将 PM_{10} 作为大气环境质量的评价标准之一。

3.2.5 针对不同污染物的通风方式

为提高室内空气质量，针对不同的污染物，应采取不同的通风处理方式。对于有毒气体，如甲醛等，除采用生物和化学方法降解外，降低室内浓度的物理方式主要是加大通风量，利用大量室外空气来稀释污染物浓度，并利用持续的通风方式来降低污染排放。例如，LEED 绿色建筑标准要求房间装修完成、家具进房间后应在一定的室内温度上持续通风三个月以充分稀释污染物。对于人体代谢物，如 CO_2 等，相对而言，若通风风量较小但在室内有人员的情况下应该持续通风。对于 $PM_{2.5}$ 和 PM_{10} 等主要来自于室外的污染物，则需采用不同的方式，持续通风会导致室内污染物浓度更高，最有效的方式是通过过滤室外引入室内的空气，从源头上解决这类污染物来源。通过在房间新风机安装初级过滤和中高效过滤装置，同时在厨房等有大风量排气的房间单独设置进风口以避免室内全面负压，从而降低建筑渗透风所带来的污染，这是应对室外空气污染的有效方式。对于霉菌等污染物，除需要保持室内一定的通风量以避免室内空气流通不畅外，还应降低室内的相对湿度，将室内相对湿度控制在

80％以下以阻止霉菌的生长，还可通过空调除湿或者除湿机的方式来实现室内湿度的控制；同时，在室内设计时，应尽量避免使用多孔材料。

3.3 建筑新风量

新风量要求即通过建筑物开窗、开洞或者机械通风系统引入室外空气来满足室内人员对新风的要求。新风的主要作用有两点：一是给室内人员提供氧气；二是合理地组织室内气流，稀释人员、室内环境和设备散发的有害或有异味污染物。

3.3.1 自然通风室内新风量要求

为了满足室内人员对于新风的要求，建筑室内需要达到一定的新风量。对于建筑通风量而言，不同的通风方式、不同的建筑及房间类型，新风量要求也不一样。对于采用自然通风的建筑，要求在过渡季节建筑房间内每小时自然通风换气次数大于 2 次。

3.3.2 机械通风室内新风量要求

《民用建筑供暖通风与空气调节设计规范》（GB 50736—2012）[32]规定了根据不同建筑类型的机械通风人均最小新风量设计值。

设计最小新风量应符合下列规定：

（1）公共建筑主要房间每人所需最小新风量应符合表 3.2 的规定。

表 3.2　　　　　　　　　公共建筑主要房间每人所需最小新风量

建筑房间类型	新风量/[m³/(h·人)]
办公室	30
客房	30
大堂、四季厅	10

（2）设置新风系统的居住建筑和医院建筑，所需最小新风量宜按换气次数法确定。居住建筑换气次数宜符合表 3.3 的规定，医院建筑换气次数宜符合表 3.4 的规定。

表 3.3   居住建筑设计最小换气次数

人均居住面积 F_P/m^2	换气次数/(次/h)
$F_P \leqslant 10$	0.7
$10 < F_P \leqslant 20$	0.6
$20 < F_P \leqslant 50$	0.5
$F_P > 50$	0.45

表 3.4   医院建筑最小换气次数

功能房间	换气次数/(次/h)
门诊室	2
急诊室	2
配药室	5
放射室	2
病房	2

（3）高密度人群建筑每人所需最小新风量应按人员密度确定，且应符合表 3.5的规定。

表 3.5   高密度人群建筑每人所需最小新风量   单位：m³/（h·人）

建 筑 类 型	人员密度 P_F/(人/m²)		
	$P_F \leqslant 0.4$	$0.4 < P_F \leqslant 1.0$	$P_F > 1.0$
影剧院、音乐厅、大会厅、多功能厅、会议室	14	12	11
商店、超市	19	16	15
博物馆、展览厅	19	16	16
公共交通等候室	19	16	15
歌厅	23	20	19
酒吧、咖啡厅、宴会厅、餐厅	30	25	23
游艺厅、保龄球房	30	25	23
体育馆	19	16	15
健身房	40	38	37
教室	28	24	22
图书馆	20	17	16
幼儿园	30	25	23

美国采暖制冷与空调工程师协会 ASHRAE 62—2013 标准[33]采用了一种

最小通风量计算法（Ventilation Rate Procedure），既考虑室内人员密度新风量要求，又考虑房间内单位面积新风量要求，同时考虑房间内不同送回风方式新风送风效率的要求。对于计算房间内最小新风量要求，采用以下公式：

$$V_{oz} = \frac{(R_p P_z + R_a A_z)}{E_z} \qquad (3.1)$$

式中　V_{oz}——房间最小新风量；

　　　R_p——人均新风量；

　　　P_z——人员数量；

　　　R_a——单位面积新风量；

　　　A_z——房间呼吸区净面积；

　　　E_z——根据送回风方式确定的通风有效系数，根据不同的送风方式，其取值为 0.5~1.2，常用取值为 0.8~1.0，分别对应顶部送暖风和置换通风送冷风的状态，其具体取值可参考 ASHRAE 62—2013 标准中表 6-2。

在计算过程中，一般可通过 Excel 表格的辅助计算使整个过程更方便。用此公式计算出的室外最小新风量要求在有些房间（如办公室）要比《民用建筑供暖通风与空气调节设计规范》（GB 50736—2012）的要求低，而有些房间如楼梯间则比国标要求高，需要根据不同的设计要求使用。总的要求是需要在满足国标最小新风量要求上，再根据项目目标确定适当的新风量要求。若项目需申请 LEED 绿色建筑认证，则需同时满足 ASHRAE 62 室内各房间最小新风量要求。

3.4　建筑通风与室内热舒适度

人体主要通过蒸发、对流、辐射三种方式与外界进行热交换，在人体维持适宜体温且得热、散热量均衡时，人体才会感觉舒适。

人体热舒适度主要由空气温度、湿度、空气流速、平均辐射温度、衣着量、身体活动状态六种影响因素共同约束，也存在着体质、性别和年龄的个体差异。

室内热环境是指影响人体热舒适度感觉的环境因素。"热舒适"是指人体对热环境的主观反应，是人们对周围热环境感到舒适的一种主观感觉，它是多种因素综合作用的结果。舒适的室内环境有助于人的身心健康，进而提高学习、工作效率；而当人处于过冷或过热环境中，则可能引起疾病，影响健康乃至危及生命。

一般而言，影响室内人员热舒适度的主要环境参数包括室内空气温度、室内平均辐射温度、室内空气湿度和空气流速。其中室内空气温度、室内空气湿度和空气流速也最容易被人体所感知和认识，而室内平均辐射温度等其他因素对人体的冷热感产生的影响很容易被人们所忽视。空气温度和平均辐射温度对人员舒适度的影响可合并为一个参数，即操作温度（Operative Temperature）。操作温度是指对空气温度和平均辐射温度各自换热系数的加权平均值。一般认为，在室内空气速度低于 0.2 m/s 的条件下，室内空气温度和平均辐射温度的作用是基本相等的，操作温度可取空气温度与平均辐射温度的简单平均值。

同时，室内人员的心理作用也会对建筑环境的热舒适度条件产生影响，这些因素包括认知、期待以及人员可以实施的针对所处热环境的行为调节与适应过程，包括加减衣服、开窗自然通风等活动[34,35]。

对于建筑室内环境热舒适度，主要有两种研究模型：一种为静态舒适度模型，以 Fanger 等研究人员的成果为主[36]，主要研究空调房间内人员的舒适度；另一种为适应性舒适度标准，早期研究人员为 Humphreys 和 de Dear 等人，主要研究包含自然通风建筑室内人员舒适度标准[37,38]。

静态的舒适度标准适应于空调房间中人员舒适度，舒适度范围可以参考国际标准 ISO 7730[39] 和美国标准 ASHRAE 55—2013[40]。图 3.7 所示的焓湿

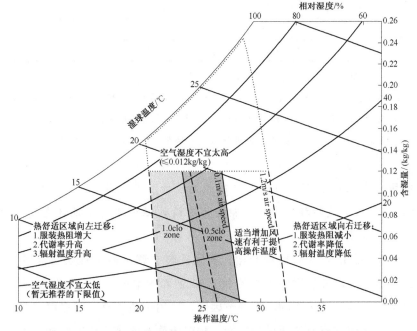

图 3.7　ASHRAE 静态热舒适度标准（根据 ASHRAE 55 标准改绘）

图中灰色区域分别对应于冬季人员着装为 1.0 clo 和夏季人员着装为 0.5 clo 条件下满足 80％室内人员热舒适度要求标准。横轴为结合空气温度与平均辐射温度的操作温度，竖轴为空气含湿量（即每千克干空气中水蒸气的质量）。

根据《民用建筑供暖通风与空气调节设计规范》（GB 50736—2012）[32] 的设计计算要求，上述参数在冬夏季分别应控制在相应区间内，适用于有供暖及空调房间。

供暖室内设计温度应符合下列规定：

（1）严寒和寒冷地区主要房间应采用 18～24℃。

（2）夏热冬冷地区主要房间宜采用 16～22℃。

（3）设置值班供暖房间不应低于 5℃。

舒适型空调室内设计参数应符合以下规定：人员长期逗留区域空调室内设计参数应符合表 3.6 的规定。

表 3.6 人员长期逗留区域空调室内设计参数

类 别	热舒适等级	温度/℃	相对湿度（%）
供热工况	Ⅰ级	22～24	≥30
	Ⅱ级	18～22	—
供冷工况	Ⅰ级	24～26	40～60
	Ⅱ级	26～28	≤70

注 1. Ⅰ级热舒适度较高，Ⅱ级热舒适度一般。

2. 热舒适度等级划分按《民用建筑供暖通风与空气调节设计规范》（GB 50736—2012）确定。

3. 人员短期逗留区域空调供冷工况室内设计参数宜比长期逗留区域提高 1～2℃，供热工况宜降低 1～2℃。辐射供暖室内设计温度宜降低 2℃；辐射供冷室内设计温度宜提高 0.5～1.5℃。

提示： 表 3.6 中所述的辐射供暖温度设计温度宜降低 2℃是指设计空气（干球）温度，不是指操作温度，辐射供冷设计温度亦是指设计空气（干球）温度，而非操作温度。

从 ASHRAE 55—2004 版开始，美国采暖空调制冷工程协会提供了适应性热舒适度标准，分别对应于满足 80％ 和 90％ 的室内人员舒适度要求。适应性热舒适度标准认可了人的心理调节因素，适用于建筑有可开启窗户并且室内人员能自由开窗进行自然通风的房间。相对于静态的热舒适度标准，适应性的热舒适度标准温湿度及风速范围更为宽松，从而为建筑节能提供了可靠的理论与数据依据。建筑可开窗通风和合适的室外温度是适应性热舒适度标准应用的重要条件，主要体现在室内人员对于室内热环境的控制程度和开窗自然通风可以达到的实际效果。

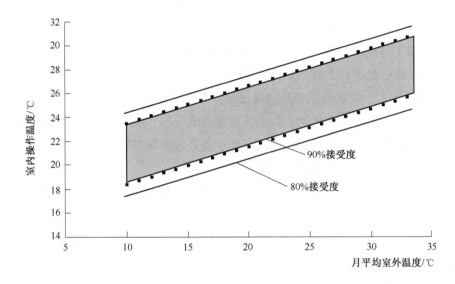

图 3.8   ASHRAE 55 适应性热舒适度标准（根据 ASHRAE 55 标准改绘）

由图 3.8 可见，适应性热舒适度标准对室外温度也有一定的适用范围，室外空气温度应该为 10～33℃，在室外温度过低或者过高的条件下，开窗自然通风调节室内热环境都存在一定的困难。若室外温度超过 33℃，则自然通风不能带走人体皮肤的热量，并可能增加室内的冷负荷。

在某些情况下，如果室内局部地方通风不畅（自然通风或者机械通风），空气流速过慢可能会引起室内人员对于室内空气品质不佳或者热舒适度不好的反馈意见。因此，在室内，空气还是要保持一定的流速。目前，在各类标准中有对室内空气最大流速的规定，但是对室内空气最低流速研究尚未形成统一的研究结论。

同时，室内温度和湿度对于人员感觉到的室内空气质量有重要影响，在空气被加热的条件下更为显著。在人员呼吸区较高的空气温度会让人员感觉室内空气质量较差，例如，在冬天室内使用空调热泵加热空气时，室内人员可能会感觉室内空气质量不如空调制冷情况下好。

3.5 建筑通风与建筑能耗

自建筑投入使用开始，建筑内部就有了用于照明、供暖、维护等所产生的建筑运行用能。发展中国家的建筑能耗是影响社会发展速度的重要因素，而发达国家的建筑能耗已经超过工业生产能耗和交通运输能耗，成为需求量最大的能源消费端。近年来，我国能源消费总量折合标准煤 43.6 亿吨[41]，较 2000 年增长近 2 倍，经济压力增加的同时也留下了环境污染等社会问题。其中建筑能耗约超过 20%，解决建筑能耗问题已经具有战略意义。

建筑能耗主要分为四大类，即北方城镇供暖用能、城市住宅用能、商业及公共建筑用能和农村住宅用能。建筑节能一直是我国建筑行业发展的一项基本任务。建筑节能主要的途径和手段包括以下几方面：

（1）建筑围护结构包括墙体、门窗、屋顶、楼板的保温隔热，降低建筑的冷热负荷。

（2）对天然采光、自然通风、被动式太阳能的合理利用。

（3）使用高效适用的主动式环境控制系统，如高效的空调系统及设备、高效的照明灯具等。

（4）优化设计与控制，使被动式系统、主动式系统及各系统相互协调优化。

（5）对可持续能源和低㶲能源（Low exergy）的合理有效利用。

对于建筑用能评价，可采用多种方法：

第一种方法是进行建筑能耗模拟，在满足室内热舒适度与新风量的条件下模拟设计的建筑用能并与参考的对照建筑及系统用能进行评价，如采用美国采暖通风制冷工程师协会 ASHRAE 90.1—2010[42] 附录 G 中介绍的与标准基础模型能耗对比的方法，该方法主要适用于建筑设计阶段。由于实际施工和运行阶段可能与设计产生较大差异，预计的建筑能耗与实际建筑能耗可能产生较大差异，并且该方法并没有将自然通风对建筑节能的贡献体现出来。

第二种方法是根据建筑类型以单位面积全年能耗进行计量的方法，与同种建筑类型的单位面积能耗值对比。如与《民用建筑能耗标准》（GB/T 51161—2016)[43] 中同等建筑类型规定的单位面积建筑能耗上限值进行对比，或者与建筑所在城市或相邻城市统计的同一建筑类型单位面积建筑平均能耗数据进行比较，考察实际建筑单位面积用能是否在标准规定的上限值或者城市的统计平均值以下。这种方法可能产生的问题是只对建筑能耗上限进行规定而并没有要求室内达到热舒适度和要求足够的新风量，不一定能保障人员舒适度和健康。同时可能存在的问题是同种建筑类型如办公楼，不同的建筑运行时间可能不一致，导致实际建筑单位面积能耗差异较大。

第三种方法与第二种方法类似，规定了单位面积建筑能耗实际上限，但同时规定了建筑的热舒适度和新风量标准，并且将不满足热舒适度条件的时间限定在较小的一个范围以内，被动房（Passive House）标准和被动式超低能耗建筑（Passive Low Energy Building）标准就是采用这种方法[44]。

利用建筑自然通风在特定的室内外条件下可以减少建筑的用能，在另外一些条件下却会增加建筑用能。在室外温度低于室内温度情况下，可以利用直接开窗自然通风或者机械通风免费冷却（Free Cooling）的方式带走室内的热量及可能的污染物。室外温度低于室内温度是利用自然通风的最佳时刻，通过自然通风的方式增大流经人体皮肤的空气流速从而带走身体的热量，这种方式可能比室温较低但是空气流速也低的情况效果更佳。但在室外温度过高或者湿度过高的情况下，如室外空气温度高于 33℃，开窗自然通风不仅不能满足室内人员舒适度条件，同时可能会增加室内的冷负荷和相应的空调能耗。在炎热的环境中，不但建筑自然通风无法使用，甚至要通过减少建筑通风量来减少建筑的新风量所带来的冷负荷。清华大学的研究表明，皖南传统民居中在夏季能有效降低室内温度的主要措施不是利用民居建筑的自然通风方式，而是利用建筑屋顶和大挑檐的遮阳效果[45]。这些研究结论证明了想在炎热的夏季白天采用自然通风来降温的方式不是一种明智的选择。

夜晚自然通风（Night Purge Ventilation）则是另外一种方式，可以用来降低建筑能耗。这是一种非直接作用的自然通风冷却方式，一般和建筑材料的热惰性（Thermal Mass）相结合。英国建筑研究院研究大楼（Building Research Establishment 16，BRE16）就采用了这种方式。除了采用建筑烟囱效应的热压自然通风措施外，建筑的楼板采用了大的空心楼板，在夜间温度较低时让冷风通过空心楼板从而降低楼板温度，并利用楼板的热惰性来存储这些"冷量"，在白天则利用这些晚上冷却过的楼板主要通过辐射热交换的方式带走室内的人员、设备和灯光得热等，从而节省建筑的空调制冷用能（见图 3.9～图 3.11）。

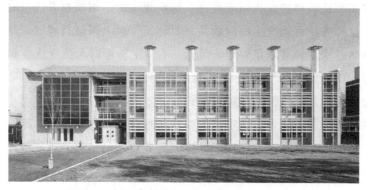

图 3.9　英国建筑研究院研究大楼（BRE 16）

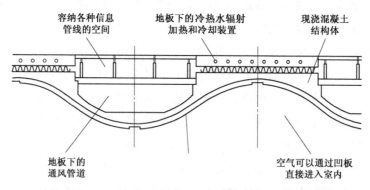

图 3.10　英国建筑研究院研究大楼通风楼板构造

图 3.11　英国建筑研究院研究大楼通风楼板外观

4 建筑通风与渗透风

4.1 建筑渗透风

渗透风简称渗风（Infiltration），是指不受人员控制的，室外空气在局部构件处的风压、热压或者送风与排风不平衡造成的室内外空气交换现象。通常室外空气通过门、窗缝隙进入室内，经过混合再逸出，在一定程度上向室内提供了部分新风量。渗透风会在风压作用下冬季供暖时渗入冷空气，在夏季制冷时渗入热空气；或者在正压条件下室内冷/热空气向外渗透。渗透风对室内温度和湿度的稳定状态影响较大，冷风渗透也是导致冬季室内人员感觉不舒适的主要原因之一。渗透风与建筑通风二者最大的区别在于建筑通风是人员可控的，而渗透风在一般情况下是不受人员控制的，主要是建筑围护结构特别是门、窗缝隙在风压和热压作用下不受控制的结果。

建筑物的空气渗透热损失主要来自外门、外窗、外部建筑围护结构中不严密孔洞以及门窗与墙体的构造结合部。在机械通风建筑中，由于送风与排风不平衡也会导致渗透风。从国内目前大多数建筑的设计特点来看，一般建筑墙体所用材料气密性好，但是门窗气密性较差，门窗与建筑墙体的结合部构造不良，缝隙较大，这些是形成渗透风的主要途径。尤其是 20 世纪末以前建成的普通住宅，其建筑外窗质量更差，仅仅是大量采用的钢窗和木窗，空气渗透的耗能量就可能超过了外窗的传热耗热量。在东北地区，区域性广泛使用的木外窗气密性能很差，又因为地区和气候等原因，木材长期处于干缩后的状态，缝隙宽度达到 1.5～2.0mm 较为常见，其冷风渗透量可达气密性好的外窗渗风量的数倍甚至数十倍，与之相应的供暖能耗也成倍增加。此外，在我国现有住宅建筑中大量使用的推拉窗，由于构造特点，气密性较差，风压越大时渗透量越大，也是建筑渗透风造成能耗较高的主要原因。有数据表明，在北方地区，用来加热冷风渗透的供热能耗甚至可占到建筑供暖能耗的一半。

对于北方采暖地区，由于冬季室内外温差大，冷风渗透容易造成大量热损失，增加采暖能耗需求。提高建筑气密性能够有效减少冷风渗透热量损失，降低采暖能耗，对于建筑节能具有非常重要的意义。对于南方地区，夏季室内外温差小，渗透风带来的空调负荷所占总负荷比例较小，提高气密性对于夏季空调能耗减少不如北方地区提高建筑气密性节能效果显著。但南方地区冬季湿冷，提高建筑气密性有助于提升室内环境的舒适度，同时可配合安装墙式通风器、窗式通风器或者机械通风系统为室内提供新风。

4.1.1 提高气密性的影响

目前，我国建筑市场实践中提高气密性以加强外门、外窗的气密措施为主。《建筑外门窗气密、水密、抗风压性能分级及检测方法》（GB/T 7106—2008）[46]将建筑外门、外窗性能分级及检测方法标准合一，将压力差为 10Pa 时的单位开启缝长空气渗透量 q_1 和单位面积空气渗透量 q_2 作为分级指标值，分级级别越高，建筑外门窗气密性能指标值越低，即气密性能越好。提高气密性能，对减少渗风量的效果是很明显的。而传统的观点认为提高气密性可能带来一个问题——进入室内的新风减少，不能满足室内通风要求。其实这是因为普通住宅冬季因寒冷而较少开窗，也无通风系统，主要通过门窗的渗透风来提供室内新风。

传统的思想误区是依靠渗透风来为房间提供新风，而认为提高气密性会减少渗风量，导致室内通风量不够，影响室内空气品质。因为提高气密性会减少通过渗透风提供给室内的新风量，需要通过有效的通风措施解决人员的新风需求。实际上，通风与渗风可以完全分开，无论是新建建筑还是既有建筑改造，通风方式的解决都可将传统的渗风方式改变为通过开窗（过渡季节或者夏季）、墙式通风器、窗式通风器（冬季）或者机械通风系统为室内提供新风的方式，满足室内新风量需求，不再依靠渗透风来提供新风。

为实现通风要求，各国对建筑的最小通风换气量都有明确的要求。《夏热冬冷地区居住建筑节能设计标准》（JGJ 134—2010）[47]中要求住宅换气次数至少为 1 次/h，北京地区住宅换气次数为 0.5 次/h。本书第 3 章已经介绍了不同类型的空间对新风量的最低要求。室内空气经过空调系统的处理可以保证室内人员对热舒适度的要求，但如果没有新风的保证，人长期处于密闭的环境中，缺少足够的氧气，容易产生胸闷、头晕、头痛等一系列病状，形成"病态建筑综合征"（Sick Building Syndrome）。在实践中，经常可见房间开着空调的同时又开着窗户，造成房间能耗较高，其主要原因就是房间内没有设置有效的通风系统。通风能在一定程度上利用较干净的室外新风排出室内污染物，有利于室内空气品质的改善。

4.1.2　提高气密性的措施

一些传统观点把通过围护结构的渗透风看成是自然通风的一部分，认为气密性差的建筑，渗风量大，其自然通风条件相对较好，通过围护结构的渗透风基本可以满足人们对新风的需求。实际上，建筑气密性差可能导致建筑供热能耗和空调能耗较高，同时建筑室内舒适度较差。

提高建筑气密性，除建筑门窗本身的气密性和选用密封性较好的门窗构件外，还应该提高参与通风的管道、设备、门窗洞口及相应结构预留孔道处的气密性。建筑外围护因为考虑到施工中出现的误差问题，在传统的建筑构造中，外窗、管道一般比窗洞及墙洞小，外窗、管道与外墙之间的缝隙通过采用密封胶或者发泡填充剂等来解决。随着时间推移和冷热交替，密封胶或填充剂逐渐失效，在风压作用下空隙气密性较差，渗风量加大。为了保持建筑房间的高气密性，在窗户与建筑窗洞的结合部可采用一些特殊构造手段，以减少可能的渗透风。同时，注意在结构构件接合处、装饰构件接合处以及供水、供暖、供电、照明设备设施的开口处等进行密封。由住房和城乡建设部与德国能源署组织发起的被动式超低能耗建筑在各个气候区的示范项目为提高建筑的气密性及室内通风与空气质量提供了良好的参考案例和技术方法[44]，特别是在北方采暖需求高的地区，提高建筑的气密性，减少了建筑渗透风带来的热负荷，节能效果十分明显。图 4.1 为被动式超低能耗建筑外窗洞口与建筑外墙通过建筑预压密封胶带以及外保温来减少窗户与外墙之间的缝隙从而提升建筑气密性的方法。图 4.2 为建筑管道与墙体相接部分通过岩棉材料及防水隔热膜来减少缝隙和建筑渗风量的构造措施。

高气密性建筑往往需要采用墙式通风器、窗式通风器或者机械通风系统作为改善室内空气品质的手段，特别是在冬季。为了保证通风量要求，如采用机械通风会增加风机能耗，实际能否产生最终整体建筑节能效果，需要对实际气候特点、建筑特点及通风特点进行具体分析。气密性高的建筑，由于减少了渗

图 4.1　外窗与外墙交接处提高气密性的构造措施

图 4.2　建筑洞口减少渗风量的构造措施

透风带来的冷热负荷，对于采暖需求高的地区，采用新风热回收系统等节能技术，建筑采暖节能效果会十分显著。同时，与自然通风相比，机械通风可控制性强，可以通过调整风口大小、风量等因素来调节室内的气流分布，达到比较满意的效果。我们认为高气密性建筑可在不适合自然通风时间区段（如炎热的夏季或者寒冷的冬季）采用机械通风方式，并利用新风热回收装置对新风进行预冷或预热，以节省新风、制冷、制热能耗。在气温合适的过渡季节，则可主要采用开窗自然通风方式。

4.2 建筑冷风渗透量的估算

随着国家建筑节能标准的不断提高，建筑围护结构要求也不断提升。虽然我国已经制定了建筑门窗气密性的等级要求，如《建筑外门窗气密、水密、抗风压性能检测方法》（GB/T 7106—2008）[46]，但是由于我国并未制定相对于建筑本身的气密性指标，并且建筑施工过程造成的各种误差、构造设计问题和其他因素，可能导致建筑房间气密性较差。即使在同一栋住宅建筑中，各个套间的设计情况基本相同，各个分户建筑的气密性也可能存在较大差异。

虽然建筑师和门窗公司中有许多人已经意识到并采取了力所能及的措施来减少空气渗透量，但除欧州部分国家外，大部分国家仍未推行相关建筑气密性标准。近年来，我国在被动式超低能耗建筑建设过程中开始采用建筑整体气密性标准，如在建筑施工完成后采用鼓风门等设备对建筑房间整体气密性进行检测，要求在室内外压差50Pa的测试条件下由渗风量而形成的室内换气次数小于0.6次/h[44]。图4.3为建筑气密性测试采用的鼓风门测试现场。

图 4.3 鼓风门气密性测试

建筑渗透风是由各种因素导致的，在缺少建筑房间整体气密性检测数据的条件下，很难对建筑渗透风进行精确计算，因而在建筑性能模拟过程中一般采用估算法来分析渗风量，计算渗风量对室内冷热负荷的影响。估算建筑围护结构的冷风渗透耗热量有各种各样的方法，渗风量可根据具体条件参照流体力学求得，通常有渗透法、换气法、缝隙法等估算方法，同时还有 LEAKS、SWIFB、LBL、RMS 等理论或半理论方法[48]。利用这些方法可以估算某一房间或某栋建筑的冷风渗透率或冷风渗透量及冷风渗透耗热量。

本书针对这一问题讨论了两种方法：一种方法是基于窗户、墙壁、门以及室内、室外压差的特性进行估算，这一方法由于考虑窗框和门周围的缝隙而被称为缝隙法；另一种方法是换气法，它是基于一个假定的每小时换气次数的经验值。当能够正确估算缝隙和压强特性时，缝隙法通常认为是最准确的。然而，预测空气渗透的准确率却受到建筑物门窗、墙体等构成部分缝隙特性信息较少的限制，并且由于冷风状态的变化和高层建筑内的烟囱效应，使压差也很难预测。

4.2.1 缝隙法

室外空气通过门、窗户与管道洞口周围的缝隙和墙与地板之间的接合处（甚至建筑材料）渗透进入室内空间。渗透量取决于缝隙的总面积、缝隙的类型和缝隙两侧的压差。渗透的体积流量可由下式计算：

$$Q = AC(\Delta P)^n \tag{4.1}$$

式中　A——缝隙的有效渗透面积；

　　　C——流动系数，取决于缝隙的类型和缝隙的流动状态；

　　　ΔP——外侧和内侧的压差；

　　　n——与缝隙内流动状态有关的指数，取值为 0.4～1.0。

直接应用式（4.1）需要实验数据，这给实际应用该计算式带来较大的问题，因为实验数据在设计时并不存在，所以该计算式更适应于实际项目建成后的渗风量验证。

4.2.2 换气法

渗风量计算的换气法与新风量换气次数计算方法类似。经验丰富的工程师根据他们对建筑物类型、结构和用途的评价，通常先简单地假设建筑物所需的每小时换气次数（Air Change per Hour，ACH），而现代化办公楼的渗透率因为门窗构件和围护结构密闭性能佳，可低至 0.05ACH。因此这一方法在对于模拟计算设计负荷时比较有效。

与 ACH 和空间体积相关的渗透率有如下经验公式：

$$Q = ACH \cdot V/C_t \tag{4.2}$$

式中　Q——渗透风量；

　ACH——渗透风每小时换气次数；

　V——空间总体积，m^3；

　C_t——常数，国际单位制中为 3600。

在该公式中，如何确定渗透风每小时换气次数在实际计算过程中是一个难点。根据文献查阅中不同的数据来源，对于在自然状态下建筑渗风量的经验计算，不同的数据来源提供了不同的参考值。

在与建筑能耗模拟相关的建筑处于自然状态下渗风量估算中，以建筑外墙与外窗面积为基础，多个软件提供了参考渗风量值：

（1）eQUEST 软件（基于 DOE2.2 计算核心），估算值针对有外墙面积的区域，渗风量日均值为 $0.2L/(s \cdot m^2)$（以包含外窗在内的外墙面积为计算基础），内区（无外墙与外界相连）每平方米地面面积设计渗风量为 $0.05L/(s \cdot m^2)$。在商业建筑中，考虑到内区一般为微正压，内区渗风量可调整为 0。

（2）加拿大的 EE4 软件（基于 DOE2.1 计算核心）可能是考虑到国土纬度更高，全年平均风速更大，风压影响力更大，估算值针对有外墙面积的区域，渗风量日均值为 $0.25L/(s \cdot m^2)$（以包含外窗在内的外墙面积为计算基础）。

（3）EnergyPlus 软件介绍了一种换气法的计算方法：

$$Q = I_{\text{design}} F_{\text{schedule}} (A + B \mid (T_{\text{in}} - T_{\text{out}}) \mid + CV + DV^2) \tag{4.3}$$

式中　　Q——围护结构（墙体、窗）渗风量；

　I_{design}——根据换气法的设计渗风量；

　F_{schedule}——根据时间的调整参数，默认值为 1，意味着全年不变，实际可在模型中调整；

　T_{in}——室内干球温度；

　T_{out}——室外干球温度；

　V——室外风速；

A、B、C、D——渗风系数。

对于渗风系数，不同的软件中提供了不同的参数。EnergyPlus 软件默认值为（1，0，0，0），DOE2.1 软件为（0，0，0.224，0），BLAST 软件为（0.606，0.03636，0.1177，0）。美国太平洋西北国家实验室（Pacific Northwest

National Laboratory，PNNL）通过文献查阅及敏感性分析研究报告认为
DOE2.1的参数设置应该更为准确，即考虑风速的影响因素，但对热压效应的
考虑因素需要更多深入研究[49]。

（4）西安建筑科技大学李安桂等研究人员对一栋约480m²的三层有部分供暖
的住宅建筑进行了调查，发现全年的渗风量为17.5～40L/(s·m²)。相对而言，在
LEAKS、SWIFB、LBL、RMS四种理论或半理论方法中，LEAKS方法在风速为3～
8m/s时对渗风量计算比较准确，LBL方法总体最接近实际调查结果[48]。

（5）美国能源部（Department of Energy，DOE）提供的建筑能耗基准模
型[50]以建筑外墙与外窗面积为计算基础，公共建筑渗风量最大值约为
1.024L/(s·m²)，其中建筑机械通风系统开启时渗风量为未开启时的1/4，即
机械通风系统开启时渗风量为 0.256L/(s·m²)，机械通风关闭时渗风量为
1.024L/(s·m²)，在自然状态下建筑日均渗风量约为 0.64L/(s·m²)。住宅
建筑在自然状态下最大渗风量为 1.024L/(s·m²)。

（6）美国采暖空调工程师协会（ASHRAE）和英国建筑气密性检测协会
（British Air Tightness and Testing Measurement Association，BATTMA）分别对
多幢建筑的渗风量进行了相关的分析和检测工作[51,52]。作者将相关数据整理为
表4.1。

表4.1　ASHRAE 及 BATTMA 调查测试建筑渗风量统计表（作者自绘）

条　件	自然状态下			室内外压差50Pa		
	外墙面积/ [L/(s·m²)]	地面面积/ [L/(s·m²)]	换气次数 ACH	外墙面积/ [L/(s·m²)]	地面面积/ [L/(s·m²)]	换气次数 ACH
ASHRAE 总部大楼	0.2	0.14	0.16	2.8	1.96	2.24
测试最大值	1.22	0.8	0.95	16.7	10.95	13
测试中位值	0.41	0.27	0.32	5.6	3.69	4.37
平常实践建筑	0.1	0.066	0.08	1.4	0.92	1.12
最佳实践建筑	0.041	0.026	0.03	0.56	0.36	0.41

参考以上这些数据，可以大致估计建筑自然状态下渗风量在0.04～1.2L/(s·m²)
外墙面积（包括窗户面积），较为常见的自然状态下渗风量为 0.1～
0.2L/(s·m²)外墙面积（包括外窗面积），在建筑能耗模拟中以 0.2L/(s·m²)
外墙面积（包括外窗面积）进行计算则更为常见。在建筑设计前进行能耗模拟

时，应该根据建筑类型、建筑所处的气候区、建筑的体型系数、建筑高度等适当选用渗透风量。

需要注意的是，表 4.1 中左侧建筑渗风量计算都是在自然状态下，而右侧渗风量计算及测试是基于室内外压差 50Pa，这与我国《建筑外门窗气密、水密、抗风压性能分级及检测方法》（GB/T 7106—2008）[46]中要求的 10Pa 是不一致的。其主要原因是国家标准采用的 10Pa 压差是实验室测试数据，而室内外压差 50Pa 是利用鼓风门在现场的测试数据。德国被动房研究所（Passive House Institute）与我国的《被动式超低能耗绿色建筑导则》[44]中的现场测试要求也是室内外压差 50Pa。

美国建筑性能研究所（Building Performance Institute，BPI）对在室内外压差 50Pa 与自然状态下渗风量关系进行了研究，发现二者之间可以归纳总结为一个换算系数 N，即

$$自然状态渗风量＝50Pa 压差渗风量/N$$

N 的取值（14～26）与建筑所处的气候区有关。此外，还与建筑空间层数影响因子取值（0.72～1）等要素相关。在确定 N 值时，先根据建筑所在的气候区取值，然后再乘测试的建筑空间层数影响因子系数进行校正，具体参考数据可以参阅美国建筑性能研究所网站相关数据[53]。从而为根据鼓风门测试结果换算成自然状态下的渗风量及对建筑能耗的影响提供了一个有效的方法。

如果需要对建筑渗风量进行更精确的计算，可以采用 EnergyPlus 软件空气网格模型（Airflow Network Model）或者计算流体力学（Computational Fluid Dynamics）等方法。

4.3　建筑通风与气密性原则

据美国国家标准技术研究院（National Institute of Standards and Technology，NIST）估计，美国办公建筑中建筑能耗的 15％供热能耗与 4％的制冷能耗是由渗风引起的。在较新的建筑中，因为维护结构保温的增加，建筑总供热能耗的减少，办公建筑中渗风在建筑供热能耗中的比例已经上升到 25％左右[54]。一些研究表明，提高建筑的气密性并结合新风热回收可以有很大的节能潜力[55]。

在高性能建筑设计中一条重要的原则就是"建筑气密，通风正确"

(Building Tight，Ventilation Right)。气密性是保证建筑维护结构热工性能稳定的重要控制指标，建筑的气密性能直接关系到冷风渗透热损失的大小，气密性能等级越高，热损失就越小。提高建筑的气密性可以减少建筑渗风量，降低建筑的供热与空调能耗，提升建筑室内人员舒适度水平，因而有助于室内环境质量的提升。建筑通风与减少建筑渗风在设计与实践过程中不是一对矛盾体，完全可以在提高建筑气密性的同时对建筑进行有效的自然通风与机械通风。在目前国家大力推进的被动式超低能耗建筑设计中，也对提高建筑气密性提出了具体的要求。需要注意的是，对于建筑气密性要求较高的建筑需要配套设计通风系统，以避免气密性提高的同时室内新风量不足。同时应特别注意由于房间独立新风系统只提供新风，风量较小，房间内局部区域室内风量或者风速不够可能会给人员带来"闷"的感觉。在我国既有的已建成的被动式超低能耗住宅中，在单独使用新风系统时已经有用户反映房间感觉比较"闷"，其原因有待调查分析，但一个可能的原因是房间中独立新风系统送风量较小，而在局部风速也不够的条件下，可能会导致这种情况出现。作者之前进行了室内环境舒适度调查问卷结合室内人员附近风速测量研究，统计分析结论也指出室内过低的风速与用户反映的室内空气质量不佳情况存在较强的关联[56]。目前国内外各类通风标准对室内机械通风的人员附近风速有上限要求，但却缺少下限要求，对此种情况是否会带来的室内人员感觉空气质量不佳或者"闷"的感觉需要进行相关研究。

在既有建筑改造中可配套安装前述各种机械和自然通风措施，在减少冷风渗透的同时为建筑室内提供足够的、可控的建筑通风。此外，提高建筑的气密性会带来建筑施工和材料成本的增加。目前，我国《被动式超低能耗绿色建筑导则》[44]中采用的是参考欧洲被动房研究所（PHI）的要求，在室内外压差50Pa 的测试条件下渗风每小时换气次数不大于 0.6 次[57]，而美国被动房研究所（PHIUS）则采用了 4.2 节（1）～（3）条的方法，即基于单位外围护结构面积的渗风量要求[58]。其主要原因是因为建筑渗风主要发生在建筑外区，而建筑内区基本渗风量很小。对于建筑内区大而建筑外区小的建筑，采用每小时换气次数的方法容易导致虽然整体建筑 ACH 值小但建筑总渗风量大。为了满足被动式超低能耗建筑要求，同样的渗风量在南方和北方对建筑能耗的影响是不一致的，对于不同的气候区是否需要要求建筑采用同样的气密性，还需要开展更多的研究。

5 建筑通风方法与设计

　　自然通风的效果，即确保室内空气品质及被动式带走房间内人员产生的热量的能力，在很大程度上依赖于建筑设计的水平。自然通风的效果受到室外气候、建筑朝向、建筑形体、建筑内部空间布局等因素的影响，在设计中应充分考虑这些因素以促进建筑的自然通风，同时避免冬季冷风向建筑室内的渗透。

　　相对而言，机械通风设计受外界条件影响较小，与建筑设计的相互影响也不如自然通风明显，如在旧建筑中增加机械通风系统可实现对既有建筑不做大的改动。但一个好的机械通风设计必然是与建筑设计有效结合的。机械通风与空调的两个重要发展方向：一是提高机械通风系统的送风效率，如采用置换通风和地板送风等方式；二是机械通风与自然通风相结合，形成良好的混合通风及控制。在混合通风中，建筑师与工程师需要获取建筑的特点及与建筑通风系统相互影响关系的定性和定量的信息。建筑设计、自然通风与机械通风的有效结合是设计低能耗建筑及其通风系统的关键。

5.1　建筑自然通风

　　建筑自然通风是通过建筑开口处的室内外存在着的空气压力差——风压和热压来实现的。风压通风与室外风速、风向及风口面积直接相关，具有较大的变化性和不可控性；热压通风与室内外温差、风口高差及风口面积相关。采用自然通风方式可减少空调使用从而达到节能的目的。但要充分利用建筑自然通风，则要对建筑所处的气候条件、建筑朝向、建筑形体、建筑立面和建筑内部空间布局等进行考虑和设计。

5.1.1　自然通风的设计方法

1. 室外气候与自然通风潜力

我国幅员辽阔，各地地形复杂，地理纬度、地势等条件均不同，因此各地气候相差悬殊。为使建筑更充分地适应和利用我国不同的气候条件，中国建筑气候分区划分为严寒地区、寒冷地区、夏热冬冷地区、夏热冬暖地区和温和地区 5 个主要热工气候分区（全国建筑热工设计一级区划图详见文献［59］），各热工分区分类标准如表 5.1 所示[59]。按照自然通风的最基本原则，如果室外气温低于室内气温，那么即可开窗通风，引入室外空气来降低室内温度。冬季则要在提供室内新风的同时，尽量降低室外冷风对室内热环境的影响。设计人员通过对气象参数中的室外温度、湿度、风向和风速的分析可以获知建筑所在地区的可利用自然通风的时间，从而了解建筑的自然通风潜力。图 5.1 是利用 Ladybug 软件对上海地区的室外温度做的图形化分析，便于设计人员对建筑所在地区气候和通风潜力进行最基本的了解。图 5.2 是结合风玫瑰图对上海城市气候条件进一步的通风时间及风向分析。分析设定的条件是在室外温度为 15～28℃、相对湿度小于 90％、室外风速大于 1m/s 的情况下上海地区全年可以利用自然通风的时间。通过气象参数和条件分析，设计人员可以了解到上海全年约有 2349 小时，约 26.82 ％的时间有自然通风条件。设计人员还可以依据建筑项目的特点加入不同的分析限定因素。

表 5.1　　　　　　　　　　　　建筑气候区划分类标准

热工分区名称	分 区 指 标
严寒地区	最冷月平均温度≤−10℃
寒冷地区	最冷月平均温度 0～−10℃
夏热冬冷地区	最冷月平均温度 0～−10℃；最热月平均温度 25～30℃
夏热冬暖地区	最冷月平均温度＞10℃；最热月平均温度 25～29℃
温和地区	最冷月平均温度 0～13℃；最热月平均温度 18～25℃

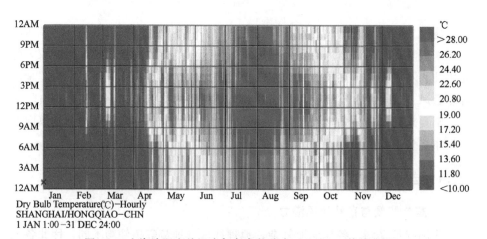

图 5.1　上海地区室外温度气象参数分布（Ladybug 软件分析）

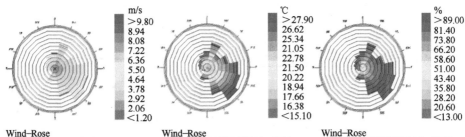

Wind-Rose
SHANGHAI/HONGQIAO-CHN
1 JAN 1:00-31 DEC 24:00
Hourly Data: Wind Speed(m/s)
Calm for 0.00% of the time=0 hours.
Each closed polyline shows
frequency or 0.4%.=31 hours.
...
Conditional Selection Applied:
28　Dry Bulb Temperature　15
and 5　Relative Humidity　90
and Wind Speed　L
2349.0 hours of total 8760.0 hours
(26.82%).

Wind-Rose
SHANGHAI/HONGQIAO-CHN
1 JAN 1:00-31 DEC 24:00
Hourly Data:Dry Bulb Temperature(℃)
Calm for 0.00% of the time=0 hours.
Each closed polyline shows
frequency or 0.4%.=31 hours.
...
Conditional Selection Applied:
28　Dry Bulb Temperature　15
and 5　Relative Humidity　90
and Wind Speed　L
2349.0 hours of total 8760.0 hours
(26.82%).

Wind-Rose
SHANGHAI/HONGQIAO-CHN
1 JAN 1:00-31 DEC 24:00
Hourly Data:Relative Humidity(%)
Calm for 0.00% of the time=0 hours.
Each closed polyline shows
frequency or 0.4%.=31 hours.
...
Conditional Selection Applied:
28　Dry Bulb Temperature　15
and 5　Relative Humidity　90
and Wind Speed　L
2349.0 hours of total 8760.0 hours
(26.82%).

图 5.2　上海地区全年可利用自然通风时间及风向分析

2. 主导风向与建筑朝向

主导风向对于绝大多数建筑内部通风具有很重要的作用。较佳的通风朝向的房间往往可以节约能源，降低使用和维护成本。建筑的朝向选择应同时结合日照和过渡季节主导风向情况进行设置。建筑物的主立面宜以一定的夹角迎向过渡季和夏季主导风向，建筑面宽不宜过大，除须满足国家规范要求，需尽量减少对后排建筑通风造成不利影响。从图 5.2 上海地区全年可利用自然通风时间及风向分析中的风玫瑰图来看，全年的可利用的自然通风主导风向为东风和东南风，因此建筑主要朝向适当南偏东方向将有助于建筑的自然通风。建筑之间的间距应该适当，后排建筑应该避开前排建筑的负压区，这将有利于组织建筑群风压通风。为了促进自然通风，建筑群布置以错列式和斜列式的布局较好[60]。

3. 建筑的形体设计

根据风环境目标不同，建筑形体设计应用最多的是为加强室内通风而采取的建筑平面凹进与错位（见图 5.3）。平面设计的凹进主要是在迎风的面宽方向上有节奏地选择适合位置内凹，局部减小建筑的平面进深；平面的错位主要是通过建筑体形的前后相错扩大迎风面。

迎风面形体错位主要用于加强室内通风，会造成形体风阻系数的增加，因此多用于夏热冬冷、夏热冬暖地区等对建筑保温与体形系数要求不是很高，但

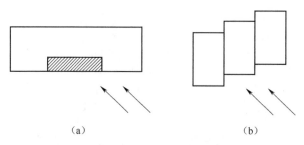

图 5.3　平面凹进与错位示意（根据文献［61］改绘）

(a) 平面局部凹进；(b) 平面错位

对室内自然通风有较大需求的建筑。如果在建筑主体朝向当地主要风向、通风条件较为有利的条件下，可采用局部凹进的手法增强自然通风。这种布局方法对于建筑的立面设计影响较小，大多用于场地局促、建筑外形限制较大的项目地块。在场地较为充裕、建筑形体的限制条件较少，但对容积率和建筑密度要求较高的情况下，可采用平面错位设计的方法，适用于大体量建筑布局[61]。

一般内凹部分宜设在建筑迎风面的中部，内凹的部分需要根据主导风向在相应位置设置可开启门窗。当内凹部分与主导风向成一定角度时，建筑两翼宜相互错位让出风道。内凹建筑两翼应留出足够距离，以保证室内采光与景观视野。

建筑平面错位宜迎向主导风向，使建筑迎向主导风向的立面尽可能延展。香港的公屋建筑经典案例——穗禾苑小区单体建筑设计就采用平面凹入与错位的方法，通过扩大东南向迎风面在夏季来"捕风"，并利用建筑内部的通风廊道设计来"导风"，将风引导到各户；在冬季，则通过这个通风廊道的设计让冬季东北向冷风顺利通过建筑，减少迎风面的风压力，从而减少迎风户型的冷风渗透量（见图 5.4）。关于穗禾苑的风环境 CFD 详细分析可参阅本书第 8 章的案例分析。

竖向体形的错位有两种做法：一种做法是建筑上部出挑，在底层或底部几层形成竖向上的内凹；另一种做法是建筑的退台，底部裙房比上部建筑凸出。

建筑体形利用竖向的凹凸主要是为了改善室外人行尺度范围的风速环境，也可在一定范围内影响建筑外表面的风压分布。对于高层建筑，建筑退台可以缓解垂直气流中的下行风对建筑前人行广场的影响，因此，在设计高层建筑时或在市中心、城市中央商务区等高层建筑较为密集的区域进行设计时，可设置建筑的退台来减小行人区高度处风速的剧烈变化［见图 5.5（b）］。对于一般

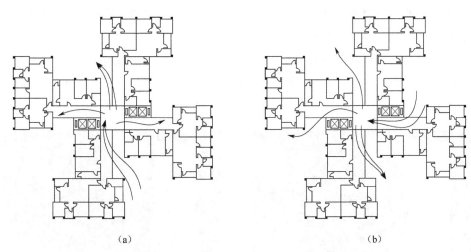

（a）　　　　　　　　　　　　　　（b）

图 5.4　建筑平面"捕风"与"导风"案例——香港穗禾苑

（a）夏季主导风环境示意；（b）冬季主导风环境示意

高度的公共建筑，建筑退台也有利于减小建筑迎风面所受的风压，适宜在沿海地区等风力较大区域的迎风一侧采用，以减小风荷载对建筑整体结构的影响[61]。同时，建筑退台有助于扩大街道内人员视野及减少建筑高度对于街道人员的压迫感。建筑逐层退台对周边环境减缓风速的改变效果比整体错位更加明显。

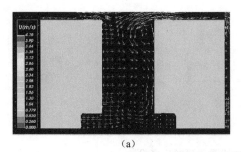 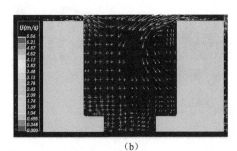

（a）　　　　　　　　　　　　　　（b）

图 5.5　建筑出挑与退台对人行区风速的影响

（a）建筑出挑；（b）建筑退台

4. 下沉空间的自然通风设计

下沉空间的形式主要有垂直式和斜坡式两种，通过在地下层前留出下沉广场来组织地下层建筑的通风和采光。这种方式主要用于地下层有通风采光需求的建筑，通过下沉空间使地下层获得可直接对外的窗口，一般用于建筑前有较为开敞空间的情况。从图 5.6 可以看出，无论是垂直式下沉空间还是斜坡式下沉空间均能给建筑底层提供通风。当建筑前后均设置下沉空间时，有利于地下层的对流通风。当场地受限时，下沉空间宜设置在临向主导风向一侧，建筑内部地下层与上部空间应有通高空间相连以促使自然通风气流通畅。下沉空间应做好排水处理，并在上部边缘做好安全防范措施，并可结合景观绿化等要素进行设计。

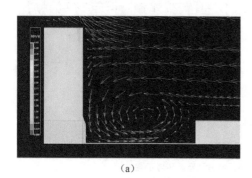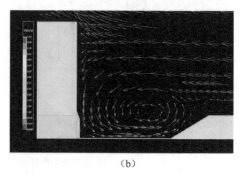

（a） （b）

图5.6 下沉空间自然通风示意

（a）垂直式；（b）斜坡式

西交利物浦大学校园通过南北校区地下通道两端出入口设置下沉式的广场，使整个校园空间更加丰富，同时解决了下沉空间中建筑负一层的采光和通风问题（见图5.7）。

图5.7 西交利物浦大学校园下沉式广场设计

5. 建筑外立面设计

窗户进风口有效面积的大小及窗户的朝向等因素都影响室内外空气对流。为了增大室内空气流动速度，进风口的面积应该比出风口的面积小。图5.8是进风口与出风口面积大小不同的两个CFD模拟情况。图5.8（a）中进风口开口面积大于出风口开口面积，虽然出风口处风速加大，但出口处动压减小，使得室内风速减小，不利于房间的自然通风。

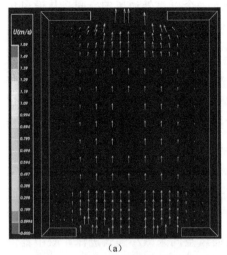 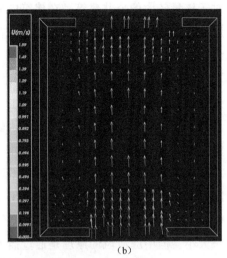

图 5.8 进风口与出风口面积大小对室内风速影响 CFD 分析图

（a）建筑进风口面积比出风口大；（b）建筑进风口面积比出风口小

立面设计导风措施的基本出发点是通过设置建筑导风构造，沿着建筑外墙面创造一种"人工"正压区和负压区，使风从正压区吹入房间，从负压区吹出，或者将风引导至人的活动范围。当房间在同一立面有两个一定距离的窗户时，可以在窗户相邻的两侧各设置一块挑出的垂直导风板，取得人工风压差；也可以将垂直遮阳板与导风板结合起来进行设计，或将建筑一端设一个延伸出来的迎风墙[62]，形成正压区，在局部形成"捕风"与"导风"，引导气流组织，促进内部通风（见图 5.9）。

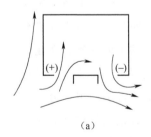 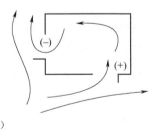

图 5.9 建筑立面构件导风设计示意

（a）单侧墙开窗；（b）双侧墙开窗

6. 建筑内部空间设计

（1）中庭设计。

在建筑中布置中庭，可利用中庭的通高空间加强建筑的热压与风压拔风。

对于体量较大的公共建筑，在建筑中部插入一个可对外通风的空间，从通风角度相当于减小了建筑的进深，从而改善建筑的自然通风能力，这是常用的空间设计手法。有些建筑受平面条件限制，仅在局部设置了面积较小的通高空间，可归于中庭或者边庭，特别小的空间则可以归类于通风烟囱作用。对于这些高大空间的通风效果分析，可以参考本书第 6 章介绍的 CoolVent 通风软件进行分析。有些建筑直接在建筑中部引入较大室外花园，因为这些室外花园是非封闭空间，热压拔风效果不明显，因此不能归于此类。

中庭的设置需要配合建筑的水平通风风路，两者相结合可以为主要功能空间通风起作用。中庭在通风中的作用主要是为竖向拔风提供通路，因此其平面面积对通风影响较小，可根据实际空间使用与空间效果等设置其平面形状与面积大小。但中庭通风的原理是通过插入可通风空间来减小建筑进深，故中庭位置与面积的设置最好保证主要使用功能空间的进深在合理范围之内。此外，中庭顶部需要开设通风天窗，排出温度较高的空气，中庭的高度不宜低于 15m，否则不易利用空气的热压差形成拔风效应。一般公共建筑中均可采用中庭的方式改善通风条件，但一般通风条件较好、比较容易组织对流通风的建筑，再增加中庭对通风的改善效果并不明显，没有必要专门设置通风中庭。中庭通风特别适用于体量较大、单凭普通开窗难以形成有效风路的体量集中式建筑。高层建筑设计一般不会设置全部通高的中庭，因为面积损失较大，建筑消防设计难度高，故在高层建筑中，一般在底部裙房设置通风中庭，或在建筑主体中分层设置中庭，在中庭的上下部设置进出风口。

杨经文是亚热带绿色建筑设计最著名的建筑师之一。他不但最早将"竖直景观设计"形式的绿化引入高层建筑的立面和中庭空间，而且在建筑设计中充分利用自然通风。在梅纳拉大厦的设计中，绿化从地面层的土坡开始，在建筑的另一侧尽量往上延伸，而后，利用凹进的露天平台（作为空中庭院），绿化在建筑的表面盘旋而上直至顶层，一方面高层建筑各层都获得了景观，另一方面减小了建筑的平面进深，使得本是筒体结构的核心筒部分也获得较好的通风效果。在大厦平面设计中，核心筒被设置于建筑一侧，通过这种方式让建筑平面灵活自由隔断，避免了常规设计中将核心筒设置于建筑中心部位从而在平面上对建筑自然通风所造成的隔断，使得整栋建筑各层平面都可以有遮挡较少的自然通风。在温度较高的方位，建筑立面都设有外伸的百叶窗，以减少太阳辐射和室内得热。没有太阳直射的方位侧采用无遮蔽式的大面积玻璃幕墙，可以提供良好的视野及尽可能的天然采光。电梯厅拥有自然通风、天然采光及良好的外部视野，无须特别的防火增压，因而可以成为耗能较低的休息处；并且建筑的楼梯间和卫生间也拥有良好的自然通风与采光[63]（见图 5.10 和图 5.11）。

图 5.10　杨经文设计的梅纳拉大厦

（2）底层架空设计。

建筑的底层架空可以通过减少近地处的通风阻力从而增强建筑周边环境的风速，改善临近建筑的通风条件。一般的底层架空设计主要有两种方法：一种方法是进深方向局部架空，由于减小了建筑的进深，有利于建筑内部空气对流的形成；另一种方法是进深方向整体架空，使风贯穿，加速了外部空气流动，对室外风环境有利，减少了遮挡，可间接改善内部热环境[61]。

底层架空设计会损失一部分建筑面积，而且只在本身风环境较好的场地内才有进一步加强通风的效果，若处于静风区则效果并不明显。底层架空在很多居住区设计中也有较多运用，增强了通风效果，也增加了公共活动空间，同时还可作为居住区入口的大堂空间。底层架空使风不受遮挡地穿过建筑，增强了室外环境风速。若要进一步改善室内通风，则需要配合导风墙、捕风口及绿化乔灌木的设置，将空气引入建筑内部。架空空间的设置要尽量迎向主导风向，能够在主导风向上形成贯通空间。

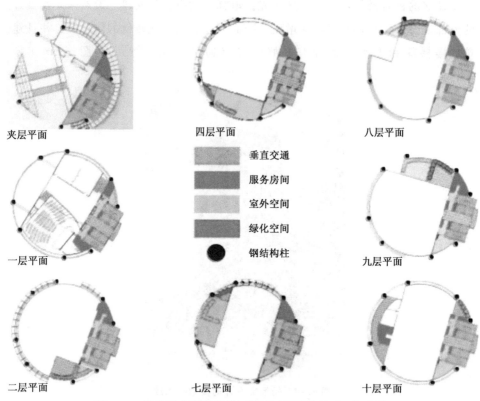

夹层平面　　　　　　四层平面　　　　　　八层平面

垂直交通

服务房间

室外空间

绿化空间

钢结构柱

一层平面　　　　　　　　　　　　　　　九层平面

二层平面　　　　　　七层平面　　　　　　十层平面

图 5.11　梅纳拉大厦的部分平面图（根据文献［63］改绘）

（3）室内开敞空间设计。

通过优化平面布局、减少建筑内部隔断获得通畅风路，加强建筑内部通风。开敞空间设计主要用于已设有进出风口，在风口之间可以形成通风路径的建筑，通过减少风路曲折和隔断使通风更为顺畅；适用于框架、框架-剪力墙及钢结构等空间相对可以灵活分割的结构形式。开敞空间设计多用于开放式办公建筑中，还可用于公共建筑的公共活动区域，将休息厅、门厅及相应走廊等空间串联成相连通的大空间。减少与主要风路垂直方向上的隔断墙，并设有能够形成对流的进、出风口，通过通风及时带走室内余热，满足室内舒适度的要求。在第 8 章的案例分析中，对室内开敞空间平面设计做了相关分析。

5.1.2　建筑自然通风的主要形式

现代建筑普遍采用的建筑自然通风有以下几种形式：

1. 单侧通风

当自然风的入口和出口在建筑物的同一个外表面上，这种通风方式被称为单侧通风（Single Sided Ventilation）。单侧通风靠室外空气湍流形成的风压和室内外空气温差的热压进行室内外空气的交换。建筑单侧通风可为两种情况，一种为单侧单窗［见图 5.12（a）］，另一种为单侧高低窗［见图 5.12（b）］。在单侧单窗的情况下，一般自然通风的通风距离不大于 2 倍建筑净层高。如建筑净层高为 3m，则单侧窗自然通风潜力距离在 6m 以下。针对单侧高低窗情况，一般要求高低窗之间高度差应超过 1.5m，以充分利用不同高度的空气热压差，在这种情况下，通风潜力距离可达到 2.5 倍建筑净层高。如建筑净层高为 3m，则单侧高低窗自然通风潜力为 7.5~8m。

2. 贯流通风

贯流通风（Cross Ventilation）俗称穿堂风，通常是指建筑物迎风一侧和背风一侧均有开口，且开口之间有顺畅的空气通路，从而使自然风能够直接穿过整个建筑［见图 5.12（c）］。如果进、出风口间有阻隔或空气通路曲折，通风效果就会变差。这是一种主要依靠风压进行的通风。在风口处设置适当的导流装置，可提高通风效果。贯流通风潜力通风距离约为 5 倍净层高，如果房间层高为 3m，则贯流通风潜力通风距离约为 15m，比单侧通风距离要高出不少。这也是为什么在住宅中建筑贯流通风比单侧通风更有效的原因，也是住宅建筑南北向径深一般控制在 15m 左右的原因之一。

3. 地道通风

地道通风（Earth Tube Ventilation）在通风方面有一些显而易见的优势。夏天，由于地层温度低于空气中的温度，当采用此种送风方式时，在送风的同时，将送入室内的空气通过土壤层冷却，可在一定程度上降低夏季室内温度，减少空调系统的使用，节约空调能耗［见图 5.12（d）］。但此种通风方式有一定的局限性，如在南方气候条件下，夏季和梅雨季节空气中湿度比较大，地道在冷却湿空气的同时容易结露，产生霉菌，采用地道送风容易将湿润管道中的霉菌带入室内，污染室内空气。北方空气较干燥，不容易产生结露情况，因而适应性较好。

4. 烟囱效应热压通风

烟囱效应是指户内空气沿着垂直空间向上升或下降，造成空气加强对流的现象。在共享中庭、竖向通风风道、楼梯间等具有类似烟囱特征——从底部到

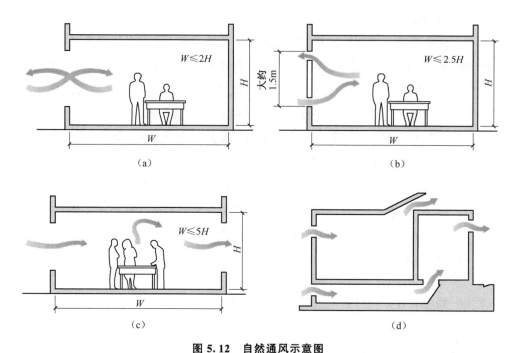

图 5.12　自然通风示意图

(a) 单侧通风，单窗；(b) 单侧通风，高低窗；(c) 贯流通风；(d) 地道通风

W—房间进深；H—房间净高

　　顶部具有通畅的流通空间的建筑物、构筑物（如水塔）中，空气（包括烟气）靠密度差的作用，沿着竖直通道进行扩散或排出建筑物的现象，即为烟囱效应。

　　烟囱效应热压通风（Stack Effect Ventilation）主要包括中庭通风 [见图 5.13 （a）] 与拔风井通风 [见图 5.13 （b）]。烟囱效应热压通风是主要利用热压进行自然通风的一种方法，通过风井或者中庭中热空气上升的烟囱效应作为

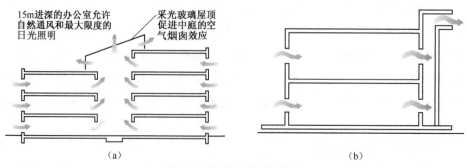

图 5.13　烟囱效应热压通风

(a) 中庭通风；(b) 拔风井通风

驱动力,把室内热空气通过风井和中庭顶部的排气口排向室外。在实际设计中,往往采用一些利用太阳能加热作用的措施来增强热压的作用。当热空气上升时,在底部形成负压区,室外冷空气就会补充进入而增强空气流动。

5.2 建筑机械通风

5.2.1 机械通风系统

机械通风依靠风机给空气提供动压,通过管道和送、排风系统可以有效地将室外新鲜空气或经过处理的空气送到建筑物内各处地点。机械通风包括机械送风和机械排风。

机械通风相对自然通风来说,有其独特之处。首先,机械通风压力可根据设计计算结果确定,通风状况稳定可靠;其次,可根据设计要求对送风口和排风口进行设计安排,可控性较强;且送风和排风可通过专门管道运输。相比自然通风,机械通风也有其不足之处。机械通风系统需设置各种空气处理设备、动力设备、各类风道、控制附件和器材,初始投资和日常维护费用远大于自然通风系统;此外,各种设备需要占用建筑空间和面积,并需要专业人员管理,风机运行还将产生噪声。在采用机械通风系统时,需要进行综合考虑从而合理设计安排。

对于某一房间或区域,机械通风可以有多种系统组合方式:①机械送风系统+机械排风系统;②机械排风系统+室外空气门窗自然渗风;③机械送风系统+局部排风系统;④机械送风系统+机械排风、局部排风系统相结合;⑤机械送风系统+空调系统;⑥空调系统+机械排风系统。

机械通风的送风口应避免含有大量湿、热或有害物质的空气流入,送风口与排风口应相隔一定距离;一般来说,送风口应尽量靠近人员活动区,排风口应尽量靠近污染源或有害物质浓度高的区域;当房间内所要求的卫生条件比周围的卫生条件高时,需保持房间内的正压状态。在机械通风房间内,应尽量使气流均匀分布,减少涡流,避免有害物质在局部积聚;送、排风口位置要安排得当,防止进风气流不充分与室内换气就直接排出室外,形成气流短路[64]。

5.2.2 机械通风系统进展

1. 置换通风

置换通风（Displacement Ventilation）作为一种新型通风空调方式，自 20 世纪 70 年代在北欧出现以来，逐渐被市场所认可并受到较为广泛的应用。

置换通风是气流组织的一种形式。与上送上回、送风与房间内空气混合的传统混合机械通风方法不同，置换通风是将经处理或未处理过的低于室内空气温度的空气，以低风速、低紊流度、小温差的方式，一般通过墙壁下部风口送入房间人员活动区的下部。在重力作用下送风先充斥房间下部，然后在后续送风和房间内热源（人员散热、设备散热等）产生的热对流交换作用下由下向上流动，形成房间空气运动的主导气流，最后通过房间顶部排出房间外。房间内空气分层分布，在垂直方向上形成温度梯度，形成房间上部温度较高、下部温度较低的情况（见图 5.14）。

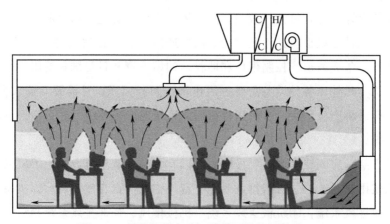

图 5.14 置换通风示意（根据网络资源改绘）

置换通风一般适应于层高较高的房间，要求层高不低于 2.7m，才容易形成房间内温度分层，便于较高温度的污浊空气排出。为了保持室内空气质量，需要让分层高度在人员工作区以上（离地面约 1.5m），由于置换通风送风速度小且送风紊流度低，可使工作区大部分区域风速较小，降低产生吹风感的可能性；另外，新鲜清洁空气直接送入工作区，先经过人体，这样就可以保证人体处于一个相对清洁的空气环境中，从而可有效地提高人员工作区的空气品质。图 5.15 为教室使用置换通风的情形，教室左侧和右侧各设有一个通风口，对教室进行置换通风换气。

置换通风具有以下几个优点：热舒适及室内空气品质良好、噪声小、能耗低、初投资少，运行费用低。同时也须注意在一些情况下，置换通风要求有较大的送风量；由于送风温度较高，室内湿度必须得到有效的控制。当室内污染物密度比空气大或者与热源无关联时，置换通风系统不适用。

图 5.15　置换通风在教室的使用

(左侧和右侧墙面格栅处各一个送风风口)

2. 地板送风系统

地板送风系统（Underfloor Air Distribution）与置换通风相类似，改变传统的上送风方式为下送上回，以架空地板为气流通道，通过送风提供新鲜空气并控制室内空气温度场（见图 5.16）。地板送风系统与置换通风系统在机理、功能上有一些相似性，例如都是采用下送上回的通风方式，利用房间底部送风到人员呼吸区，并对热源进行对流换热从而使温度升高进入房间上部，但在功能及特性上又有所区别。图 5.17 为架空地板送风口与地板送风系统现场施工情况图。

置换通风与地板送风在机理上有所区别，前者是利用较低的送风速度在空调房间的地板上形成一个空气湖气流，以类似层流的活塞流状态依靠自身的浮升力缓慢向上移动，将室内的旧空气置换掉，从上部排风口排出。后者从地面送出具有一定速度的空气，在向上流动过程中与工作区的空气混合进行热交换，达到调节工作区温度的作用。

地板送风系统从功能上来讲与传统的顶通风更具相似性，都是以温度控制

图 5.16　地板送风示意（根据网络资源改绘）

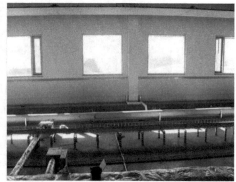

图 5.17　架空地板送风口与地板送风构造

为其主要功能。置换通风则是以通风换气性为其重点。从负担冷负荷方面来讲，地板送风系统要大于置换通风系统。地板送风系统的出口风速较大，可达1m/s左右，相对于置换通风风速约 0.2m/s 的风速要大，因此在相同的出口面积下可以负担更多的冷量；同时从送风温度上来看，地板送风的送风温度可设为 18℃ 或低于 18℃[65]。由于地板送风更靠近人体，考虑冷吹风感问题，送风温度不宜小于 16℃。

　　由于置换通风与地板送风系统本身送风温度较高，当冷负荷较大时，需要另外增加房间内的制冷系统，在实际应用中经常采用的是辐射吊顶制冷系统或者干风机盘管系统，即部分实现通风与制冷系统分开。冷吊顶主要是利用冷辐射进行传热，对流传热量较小，并且辐射制冷系统可以削减在室内冷负荷较大时置换通风垂直温度梯度，从而可以提高室内人员的舒适度。

湿度控制是置换通风与地板送风应用中应考虑的问题之一。因为置换通风的送风温度较高，处理后的送风绝对湿度比传统顶送风偏大。目前工程实践中可采用二次回风的方式对新风进行处理，即一次回风为室内部分排风对进风进行预冷，然后新风在冷盘管处充分冷却到12℃左右，进行冷却除湿，然后部分排风再与冷却后的新风进行二次显热换热，加热新风到15℃左右再送入室内。这种方式相对于冷却再加热的方式更为节能，但系统相对比较复杂。在湿度较大的地区应用置换通风，则要求建筑围护结构的密封性要好，避免室外渗风大量进入室内。

地板送风散流器送风口周围气流速度较大，在一定程度上可能影响人员的舒适性。但地板送风散流器可采用个性化独立控制，个人对地板送风口散流器的独立控制可以显著提高室内人员对环境控制的满意程度。而目前商业用的风机驱动的地板散流器，其温度调节范围可达9℃，控制范围可以满足各种人员热舒适要求。对于不依靠局部风机驱动的散流器送风口，温度控制范围为2～3℃，对环境温度变化控制较低但控制更为简单。从控制的个性化看，置换通风比不上地板送风在舒适性方面具有的优越性[66]。地板送风这种提供个性化独立控制的通风方式与近些年逐渐发展的独立工位通风送风方式比较接近，与通风空调系统在满足一般新风与热舒适度要求基础上，进一步满足个人需求的理念相符合，即允许室内人员对自己的通风与热环境有一定的独立控制并提供个性化的热环境。

5.3 混合通风及其控制

5.3.1 混合通风分类

混合通风方式（Hybrid Ventilation）是通过自然通风、机械辅助通风和机械通风的相互转换或结合使用来实现，它充分结合自然环境要素（如风、太阳辐射热等）和人工环境设备（如风机、空调设备等）共同为室内创造一个舒适的热环境，同时达到改善室内空气品质和节能的目的。混合通风系统与传统的通风空调系统的主要不同之处在于：混合通风系统能够根据室外气候变化转换其运行状态或者模式，以达到满足热舒适要求及节能的目的。混合通风基本可分为以下三类。

1. 自然通风模式和机械通风模式交替运行

交替运行混合通风模式的特点为：室外条件可满足自然通风的情况下，机械通风系统关闭；当室外环境温度升高或降低至某一限度时，自然通风系统关闭而机械通风或者空调系统开启。自然通风对机械通风与空调基本上在时间上不重叠。这种通风模式适用于不同的运行时间，在过渡季节进行自然通风，在炎热的夏季和寒冷的冬季进行机械通风与空调制冷供热。但设计交替运行通风系统时，如何选择合适的控制参数（如开启机械通风与空调的条件），以实现自然通风模式与机械通风或空调模式之间的转换是设计的关键问题[67]。一个较为实用的方法是采用房间热环境联动的方式来提升室内热环境质量，同时降低建筑能耗[62]。

2. 机械辅助式自然通风

当使用机械辅助式自然通风时，以自然通风为主，但在自然驱动力不足的情况下，可动风机或者风扇以维持气流的流动和保证气流流速的要求。如通过中庭顶部风机加大拔风效应，促进自然通风。如何设计控制系统以根据自然驱动力的强弱来控制风机或者风扇的开停是该系统设计的关键问题，但相对来说控制较为简单。

3. 空调与机械辅助通风同时运行

空调与机械辅助通风方式同时运行方式较为多样。如在炎热夏季自然通风和机械通风都不能满足室内热环境舒适度的条件下使用空调制冷，在纯空调的状态下如果室内舒适温度为25℃，那么设定空调控制温度为28℃时室内热舒适度条件会下降。但如果在开启空调的同时，室内开启单独的风扇加大人员附近的空气流速，在这种状态下室内温度为28℃时室内人员热舒适满意度甚至可能超过单独空调状态下25℃的设定温度，通过引入机械辅助通风达到了既节能又提升了室内人员热舒适度的双赢效果。这一结果也被加州大学伯克利分校建筑环境研究中心的研究实验所证实，他们的研究发现认为局部风扇在人体周边风速达到1m/s时可以在提高室内温度3℃的条件下提供同等程度的热舒适度[68]。

5.3.2 混合通风的设计问题

由于混合通风中自然通风模式受自然气候条件，如室外风速、风向、建筑形式、建筑周围环境、建筑位置及室内热源等因素的强烈影响，具有不可确定性和复杂性，这给混合通风系统的设计带来较大的困难。因此，其系统设计应与建筑设计、设备设计密切配合，需建筑师、建筑设备工程师及电气控制师甚至业主的参与，建筑的整合式设计（Integrated Design Process）将越来越重要 。由于混合通风设计中涉及机械通风和自然通风的配合问题，它面临着一些设计难题：

（1）如何根据不确定的气象参数以及当时的室内热环境条件来确定混合通风设计方案？如根据什么样的室内外热环境条件确定关窗的控制点。

（2）如何确定控制参数和设计控制系统以实现混合通风方案并发挥其优势？如开关窗的控制方式及控制参数优化。

（3）依据怎样的通风和热舒适度标准？研究表明，自然通风建筑中居住者能忍受室内较大的温度变化范围，而密闭空调房间内人们对于较小的温度变化都难以忍受，如 ANSI/ASHRAE Standard 55—2010 标准[40]都是把自然通风与机械通风空调热舒适标准分开应用的，二者间不能重合。

（4）缺乏设计规范指导设计师根据舒适度和节能要求来设计混合通风。

目前由于混合通风系统还处于设计及研究阶段，应用案例不够多，案例总结也较少，积累的设计经验及实际效果总结也不足以支撑设计指导和规范。但总的来说，混合通风设计应包括以下三个方面：

（1）建筑与自然通风系统的设计。除建筑的形式和功能外，设计中还需考虑建筑物周围环境、室外气候条件、室内热源情况等，以此来确定围护结构的材料、窗户和通风口的位置、大小等，另外还可采用其他形式，如通过中庭、双层幕墙等来促进自然通风。

（2）机械通风空调系统的设计。要求在传统设计基础上，考虑应用自然通风的时间和方式，避免两者之间的不利干扰。

（3）控制系统的设计。控制系统是决定混合通风系统通风效果的关键因素。一个优秀的控制系统应能根据室外气候条件与设计要求实现机械通风与自然通风的协调转换，以达到改善室内空气品质，创造舒适环境与节能的目的。混合通风在实际应用过程中可以减少风机能耗和制冷能耗，却容易导致供热能耗增加[69]，在实施中应对控制逻辑及系统进行合理分析及设定。

5.3.3　混合通风的应用前景

混合通风系统的研究方兴未艾，欧洲、美国以及东南亚地区都有相关研究，在建筑实践中也有一些实际案例。我国幅员辽阔，居民住宅一般在过渡季节采用开窗自然通风，而在夏季和冬季部分时间采用机械通风制冷供热系统，这实际上也是一种混合通风模式。

随着大量建筑逐渐开始采用空调制冷系统，密闭环境下的通风与室内空气品质问题越来越被人们所重视。同时，我国的能源问题也日趋紧张。我国能源利用效率较低，总利用的效率仅约为 30％，生产单位产品成本的能耗比发达国家高 60％～100％，节能是我国的一项基本国策[20]。在大力加强其他可持续能源开发利用的基础上，减少建筑能耗是至关重要的。在建筑节能中，通风空调技术的发展起着重要的作用，既满足室内新风与舒适度条件，又减少能量消耗，合理利用可再生能源应是建筑通风空调技术的可持续发展目标。作为一项有效的建筑节能手段，混合通风系统在我国将具有广泛的发展前景。

由于混合通风研究处于初步阶段，国内外尚缺乏有关混合通风的标准和规范，如混合通风状态下的热舒适度标准，且没有明确的建筑节能方面的法规。此外，混合通风方法多样，设计技术相对复杂，需要一套完善的控制系统，对系统进行调节、控制和工况转换，这些都对建筑师、设备工程师及电气自动控制工程师的协作性提出了较高的要求，这些都是混合通风设计和应用遇到的挑战。

国内外研究人员成立了多个研究小组对混合通风开展研究，其中影响力最大的是国际能源署组织的混合通风专题研究小组（HybVent），该研究课题（IEA－ECBCS ANNEX35）分为三个部分：①混合通风控制方案的研究；②混合通风特点的理论和实验研究，混合通风系统的分析方法研究；③混合通风案例研究。该研究课题的相关内容可以从该项目专门网站上获得相关报告及结果[70]。

混合通风在设计、控制、运行及用户教育指导方面都有大量工作和研究需要做。美国旧金山市联邦政府大楼（San Francisco Federal Building）是一个应用混合通风的典型案例（见图 5.18）。该办公大楼 18 层，面积为 5.6 万 m²。设计师最初的想法是完全使用自然通风，而不使用机械通风空调系统。最终采用了自然通风与空调相结合的混合通风策略，而且给予了大楼内使用人员很大的控制权，可自由开启窗户。但美国是一个以空调应用占绝对主导地位的市场，该大楼用户对混合通风接受程度不高。高层建筑直接开启的窗户引起室内风速过大、窗户开启后对不同位置人员产生影响、不同用户对室内温度需求不一致、用户习惯了偏凉的室内空调温度等因素，都是大楼用户对该大楼混合通风系统评价不高的主要原因。

图5.18 旧金山联邦政府大楼外景

　　由建筑师林宪德先生设计的台湾成功大学"绿色魔法学校"（又称"诺亚方舟"）是一栋成功应用混合通风的绿色建筑典范（见图5.19）。该大楼地上三层，面积共4800m²。大楼单位面积年能耗仅51.8kW·h/m²。除采用室外遮阳和屋顶绿化等被动式措施外，大楼采用了结合自然通风方式的混合通风措施及技术。大楼主要采用自然通风、机械辅助通风、机械通风空调交替运行模式。在室外温度低于27℃时，采用自然通风；在室外温度为27～31℃时，采用吊扇辅助自然通风；在室外温度高于31℃时，关闭门窗并开启空调系统。另外，在大楼300人的国际会议厅"崇华厅"内采用了壁炉式的烟囱通风系统。主席台底下设计进风口，烟囱南面的透明玻璃大窗内安装了黑色烤漆铝板，吸收太阳辐射进行拔风。即使不开空调，室内的风速也可以维持在0.1～0.6m/s，室内换气次数可达到6～8次/h。为了避免风场不均匀和扰流，烟囱风口设计成三个不同的开口，平均诱导室内层流并避免强风。报告厅内的坐椅也设计成特别轻便型，减小气流通过观众席阻力，便于气流顺利通过。设计人员采用了CFD（见图5.20）和风洞实验对设计进行了验证，满足会议厅内热舒适度。同时设计人员还通过1:20的缩尺模型辅以烟流实验，保证了观众

73

席的通风气流。在不适合自然通风的时间和季节，烟囱通风系统闸门关闭，改为空调方式，利用高效率变频空调机组和新风热回收系统来减少空调能耗[71]。

图 5.19　台湾成功大学"诺亚方舟"[71]

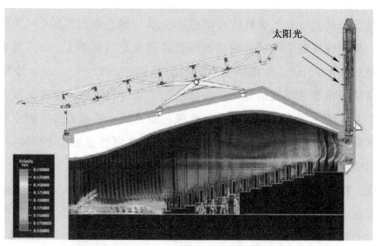

图 5.20　崇华厅热压通风 CFD 模拟计算[71]

6 建筑混合通风模拟软件

面对越来越复杂及多样的设计，为了对建筑室内外通风情况进行分析和评估，除常用的数学计算、工程方法和本书前几章讨论的经验设计方法外，利用多种模拟软件进行模拟分析从而判断设计是否能达到预期性能并对其进行优化的方法，越来越普遍地应用于建筑设计实践中。此外，鼓风门实验、烟流实验、舒适度测试仪等实验手段也越来越多地应用在工程项目中。常用的简单建筑通风模拟软件有建筑自然通风模拟软件 NatVent，建筑混合通风模拟软件 CoolVent，与气候相关的城市自然通风可能性分析软件 URBVENT，建筑多区通风模拟软件 COMIS、CONTAM，计算流体力学（Computational Fluid Dynamics，CFD）软件 Fluent、Phoenics、OpenFOAM、VENT 等。本章介绍了 CoolVent 软件界面输入及主要输入参数。第 7 章将介绍主要 CFD 模拟分析软件，并详细介绍 VENT 软件的使用方法。

6.1 建筑通风模拟软件 CoolVent 简介

CoolVent 软件是由美国麻省理工学院建筑学院建筑技术系利昂·格利克斯曼（Leon Glicksman）教授领导开发的一款简单易用的建筑混合通风模拟软件[72]，主要用于建筑设计初期阶段快速模拟分析。著名建筑设计和绿色建筑咨询公司如 SOM、Transsolar 等都将 CoolVent 软件应用于实际项目设计与咨询[73,74]。在建筑设计初期阶段，详细的建筑设计细节尚不清晰，CoolVent 软件正是针对建筑设计初级阶段，因此其界面设计简单，可以通过几步输入过程来定义输入参数，包括建筑物的几何设计参数特征和主要影响自然通风效果的因素。实际模拟运行只需要约 1 分钟的时间就可以快速得到模拟结果。模拟分析结果呈现方式可以清楚地显示建筑物各个区域的温度和气流。主要输出结果是基于颜色的可视化图形，但也可以获得每个模拟结果的详细数据，并将其存储为文本文件。

6.2　CoolVent 软件输入界面

输入参数标签页包括主输入（Main Inputs）、瞬态模拟输入（Transient Inputs）或稳态模拟输入（Steady Inputs）、建筑物几何尺寸（Building Dimensions）、窗户和开口（Windows and Openings）、通风策略（Ventilation Strategies）、热舒适模型（Thermal Comfort Models）六大块（见图 6.1）。

图 6.1　CoolVent 输入参数标签页

6.2.1　主输入页面

主输入页面是模拟建筑通风的最基本的参数设置页面，包括建筑模拟类型预定义、模拟的通风类型、室内热负荷设定、建筑所处的地形情况等（见图 6.2）。

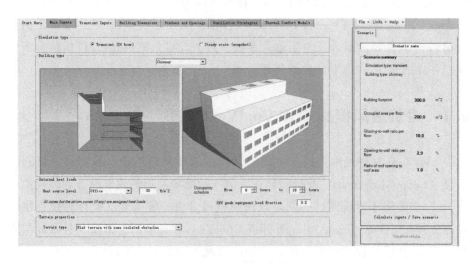

图 6.2　CoolVent 模拟主输入页面

1. 模拟类型

软件可以运行瞬态（24 小时）或稳态（即时）计算模型。瞬态计算模型使用气象数据文件计算建筑物的性能，并可对材料热惯性的影响进行模拟。稳态计算模型通过定义风速及其方向（N、NE、E、SE、S、SW、W、NW）、环境温度和空气湿度进行模拟。在稳态计算模式下，必须定义初始建筑温度，以初始化计算。

2. **建筑通风类型**

软件可以设置五种建筑通风策略，即单侧通风、贯流通风、中庭通风、边庭通风和烟囱通风。这些通风策略代表了建筑自然通风中最常见的形式。单侧通风设计仅考虑了在单个区域中由浮力驱动的空气流动。贯流通风设计只考虑风压的影响。中庭通风、边庭通风和烟囱通风设计包括风压和热压产生的力的组合。中庭通风设计考虑中庭两侧区域的影响，而边庭通风和烟囱通风设计只考虑单侧区域与边庭或烟囱的相互关系。

3. **房间热负荷**

房间类型通过建筑物内部产生的热量来确定。在 CoolVent 中，可以将房间类型定义为住宅、办公室或教育建筑（以单位面积室内的热负荷决定）。这些热负荷包括人员、照明和设备所带来的热负荷。在实际使用软件时，可以根据实际设计建筑的室内单位面积热负荷来设定区域的单位面积热负荷。在瞬态模拟条件下，可设定该建筑物全天的使用时间表。在房间非使用时间内，室内热负荷可设定为房间热负荷最大值的一个比例，如 20%。

4. **地形信息**

包围建筑物的风廓线很大程度上取决于地形情况。因此，需要定义建筑所处的地形（中心城区、城市工业区或森林地区、农村或平原有局部障碍物地区）的类型及周围建筑物的平均高度。

6.2.2　建筑瞬态模拟输入

瞬态模拟可以对某个特定月份建筑通风情况进行模拟，使用的是气象数据中该月平均气象数据（见图 6.3）。CoolVent 可以方便地使用美国能源部 EnergyPlus软件的 epw 文件格式气象数据文件。如果需要选择的城市不在默认菜单中，请在"选择城市"菜单中选择"Other"），并单击"Browse"导入气象参数。中国各大城市的典型气象数据可以在 EnergyPlus 网站下载[74]。干球温度、空气湿度、太阳辐射数据采用的是所选月份各小时平均值。风向是根据八个主要方向的风向选择每小时出现的最高风向频率，风速对应于该特定方向的平均速度。

建筑朝向可以选择以迎风面为基准的八个建筑朝向（N、NE、E、SE、S、SW、W、NW）或者设定"Other"并输入角度（以正北为 0°，顺时针旋转）来定义任意角度的建筑朝向。

瞬态模拟需要使用气象数据进行分析。CoolVent 提供相关气象参数（风速、风向、空气温度和湿度）的即时反馈，可以用来帮助关于建筑形体和朝向的设计决策。在瞬态模式下，建筑朝向选择与气象参数反馈在同一部分中，以便根据风向推荐最佳朝向（见图 6.3）。

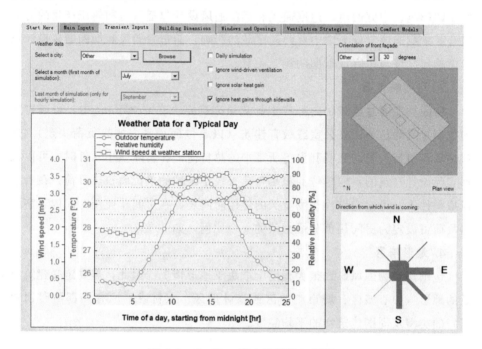

图 6.3　CoolVent 瞬态模拟输入界面

6.2.3　建筑稳态模拟输入

建筑稳态模拟需要手动输入简单气象数据，包括室外温度、相对湿度、计算启动温度、风向和风速等。相对瞬态模拟来说，建筑稳态模拟输入的参数更为简单（见图 6.4）。

6.2.4　详细的建筑信息

一旦指定了一般建筑信息，下一步应该输入关于建筑尺寸的更详细的参数，该参数定义适用于对建筑开窗设计或者中庭设计进行评估，可以评价设计方案能否达到预期的效果，以及比较各种方案的优劣。

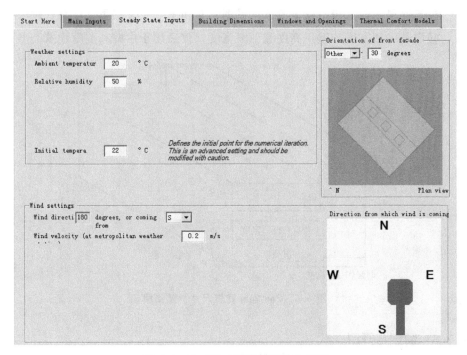

图 6.4　CoolVent 稳态模拟输入界面

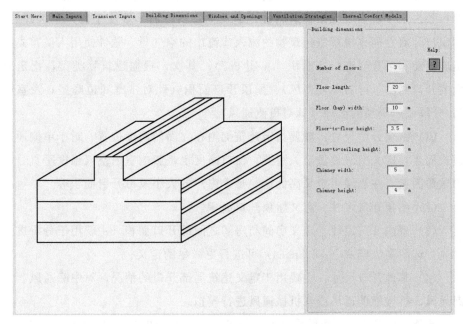

图 6.5　CoolVent 建筑尺寸参数输入

建筑物尺寸输入包括以下参数（见图6.5和图6.6）：层数、层高、楼层净高，楼层长度和宽度，屋顶高度和中庭宽度（仅适用于中庭和侧庭建筑类型）。

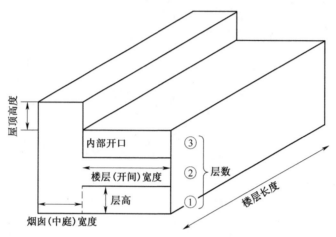

图 6.6　CoolVent 建筑尺寸参数图解

6.2.5　窗户与开口

在 CoolVent 软件中，窗户属性分为玻璃窗和可开启窗口的参数。玻璃窗的参数决定了有多少太阳辐射热进入建筑物室内，而不取决于窗户是否开启，而窗户开启性能直接影响建筑物的流入或流出的空气量。软件使用人员首先指定玻璃窗和可开启窗口的面积（见图6.7）；其次，根据建筑物类型，指定立面的开口高度（针对单侧通风）、屋顶开口面积（针对中庭和边庭型）及室内门/分隔墙所隔断的区域（针对贯流通风）。

（1）侧窗开口尺寸：需要指定建筑侧窗在立面的高度位置。对于单侧通风模式而言，定义空气流量至关重要。窗口高度也是影响室内空气温度垂直分层的重要因素。在侧墙可定义高低窗、每个窗户的大小及可开启面积等。

（2）屋顶开口尺寸：定义屋顶开口面积。

（3）室内开口尺寸：定义房间与房间之间的开口面积，主要用于分析贯流通风，选取高级模式（Advanced）可进行更详尽的定义。

（4）其他开口尺寸：主要用于定义建筑局部开口的情况，对中庭通风、烟囱通风、机械辅助通风或者机械通风进行模拟。

此外，可以选取高级模式（Advanced）进行更为详尽的建筑物开口定义。

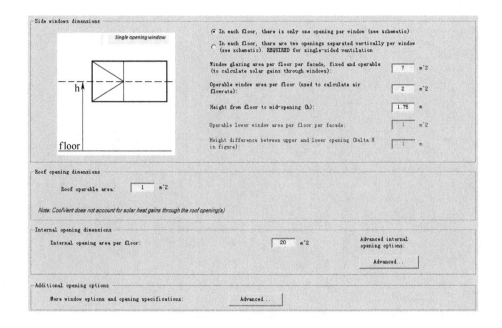

图 6.7　CoolVent 建筑窗户与开口输入

6.2.6　通风策略

通风策略用于分析建筑材料热惰性的影响、夜间冷却策略和使用风机辅助通风对于建筑气流的影响（见图 6.8）。模拟热惰性的影响只能在瞬态计算时进行。当进行 24 小时瞬态模拟时，需要指定热惰性、夜间冷却、窗户控制策略、风机性能等参数。机械辅助通风可以在稳态和瞬态模拟中进行。

1. 热惰性描述

热惰性描述可以通过定义楼板厚度、裸露楼板表面（以占人员使用面积的百分比表示）、建筑材料（混凝土、砖或钢）、地板类型（裸露地板、地毯覆盖地板、架空地板）和天花板类型（裸露天花或有吊顶的天花）来进行。在建模中可以根据实际情况选择是否考虑热惰性的影响。

2. 夜间通风冷却

在瞬态计算模式下，可以选择夜间冷却通风策略。当夜晚室外温度够低时，可以用室外的凉风来冷却室内空间，并通过材料的热惰性来存储夜间通风

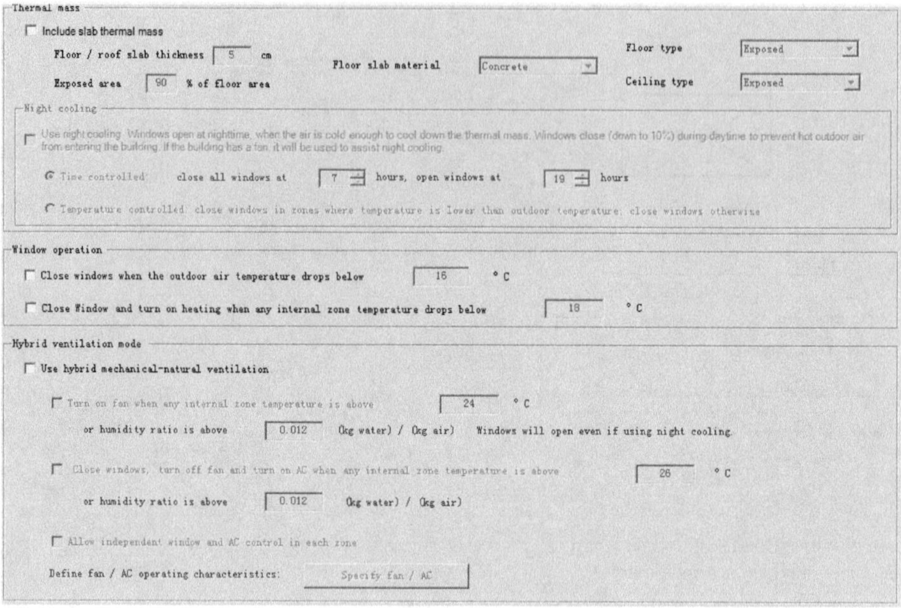

图 6.8 CoolVent 通风策略输入页面

冷却的"冷量",而在白天温度最高的时候通过设定关闭室外窗户可开启面积（最多 90%）以降低通风得热,从而对室内空间进行冷却。夜间冷却的控制策略只有在建筑热惰性相关参数已定义的条件下才可进行。夜间冷却的控制策略有两种方式:

（1）时间控制,设定窗户开启和关闭的时间。

（2）温度控制,当区域内的温度低于室外温度时关闭窗户。

3. **窗户开启控制策略**

为了分析冬季条件下的通风运行情况,CoolVent 提供了两种控制策略:

（1）如果室外环境温度低于指定的温度,则关闭窗户。

（2）如果任何区域的内部温度低于指定的温度,则关闭窗户并打开空调系统进行供热。

4. **混合通风模式（机械辅助通风与空调）**

当浮力/风力不足以驱动新鲜空气通过建筑物时,CoolVent 可模拟混合通风模式,在图 6.8 中选取"Hybrid ventilation mode"混合通风模型即可开启混合通风运行模式并设置运行控制方式。通过"Define fan/AC operating characteristics"来设置混合通风的风机运行与空调运行效率参数（Coefficient of Performance，COP），在该风机及空调性能定义中，有经验的使用者还可以指定风机性能曲线分析特定的风机运行特性，从而更为精确地分析建筑通风风机和空调用能（见图 6.9）。

根据选择的风机类型和相关空调控制方式与控制温度，CoolVent 将会估算与使用这种风机、空调相关的年度能耗（参见结果中的风机结果部分）。

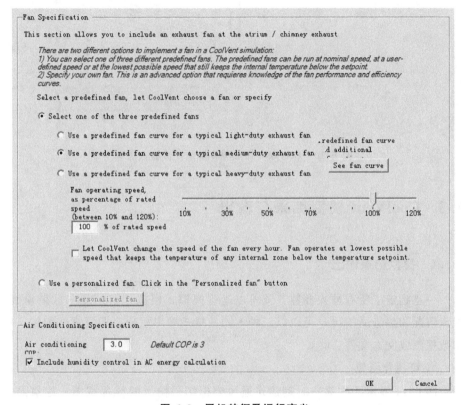

图 6.9　风机特征及运行定义

6.2.7　热舒适条件

为了呈现建筑通风与热舒适性相关的结果，可以选择 ANSI/ASHRAE Standard 55—2010 的静态热舒适度标准、针对自然通风环境的适应性热舒适模型标准[40]对室内环境热舒适度进行评价，或通过自定义的最低和最高空气温度和湿度范围进行评价（见图 6.10）。关于 CoolVent 软件中通风与热舒适度相关研究，可以查阅与 CoolVent 软件开发相关的文献[75]。

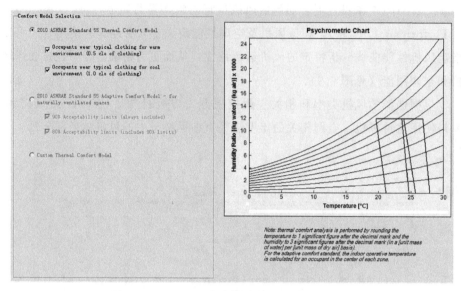

图 6.10　CoolVent 热舒适度模型评价输入页面

6.3　CoolVent 模拟结果与输出

6.3.1　模拟结果输出

一旦指定了所有输入参数，就可以运行模拟。模拟计算结果（区域温度、气流情况和热舒适情况）可以以三种不同的格式输出呈现，即可视化图像、打印数据图或文本文件。

1. 可视化图像

图 6.11 显示了在某一时刻建筑通风模拟结果输出的屏幕截图。建筑的每个区域，基于色标根据其室内温度着色（分别为最低温度时深蓝色和最高温度时红色）。彩色箭头表示空气流入和流出每个区域的方向和温度，数值显示空气流量的大小。可以在窗口的下部找到相关颜色范围所对应的每个区域的温度。

瞬态模拟可以把各个时间段的模拟结果截图，并根据可调节的时间间隔变化组合为动画。稳态模拟只能呈现单个屏幕截图内容。

2. 区域的每日温度变化曲线

对于瞬态模拟，可以查看 24 小时内建筑各区的温度变化。每个区域温度

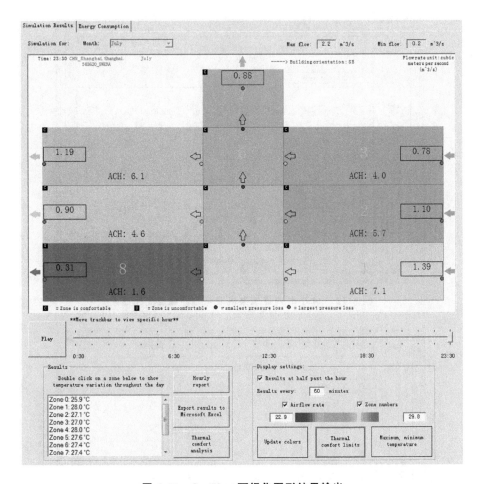

图 6.11 CoolVent 可视化图形结果输出

变化都包含两条曲线：一条曲线表示该区域的温度变化，另一条曲线显示环境温度随着时间的变化（见图 6.12）。

3. 空气垂直分层情况

根据 Menchaca 等人的研究结果[76]，如果室内有明显的从底部到顶部的空气温度垂直分层，CoolVent 可提供相关的温度垂直分层的信息。虽然在主要结果窗口中提供的区域温度是基于能量平衡对应区域的统一排风温度，但对室内垂直温度分层结果的呈现增加了软件使用人员对于区域中温度分布的了解。由于分析模型的局限性，室内温度垂直分层只能在材料热惰性未被模拟时才可呈现结果。图 6.13 提供了房间温度垂直分布的一个场景。

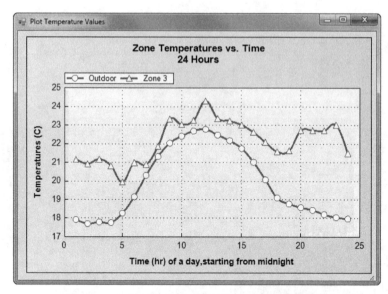

图 6.12　24 小时内建筑某区域与室外温度变化曲线

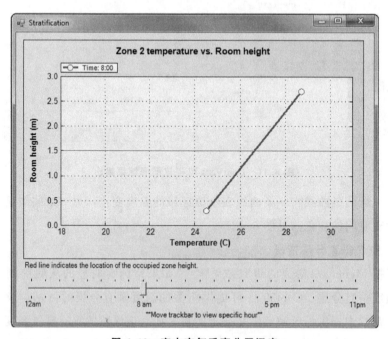

图 6.13　室内空气垂直分层温度

4. 热舒适度

根据输入部分规定的舒适度条件，CoolVent 可计算该区域温度在一天中处于可接受舒适范围内的时间的百分比（见图 6.14）。此外，由于每个区域都有单独的温度显示，因此，可以分别使用不同的适应性热舒适模型来评价某个单独区域的热舒适度情况。

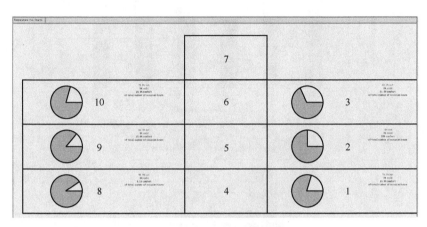

图 6.14 室内各区域热舒适度百分比

5. 风机的使用

基于输入部分定义的风机情况，CoolVent 可以计算其预期的电力每小时消耗功率、每天的能耗及其运行效率，并可输入固定的制冷效率从而计算制冷负荷（见图 6.15）。

6.3.2 输出文件

温度、空气流量、风机和热舒适度等模拟计算结果均可导出到文本文件中，并按照区域和时间分开输出，这样的输出文件便于软件使用人员进一步对数据进行分析或者后期处理。需要注意的是，图 6.12 中的室内外温度变化曲线和图 6.13 中的室内空气垂直分层温度图在目前的版本下并不能直接显示结果。可以通过软件右侧【File】→【Open containing folder】查看结果 TemperatureOutput. txt 和 StratificationOutput. txt，并利用其他工具软件（如 Excel）进行图形化结果查看。其他输出结果文件如 AirflowOutput、FanOutput、PressureOutput 等，也可通过同样的方式打开（见图 6.16）。

提示：软件重新运行后会覆盖之前的结果输出文件，每次在运行前需要把之前的结果文件重新命名保存，否则会被新的结果文件所覆盖。

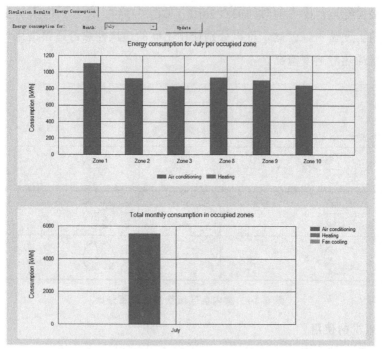

图 6.15　CoolVent 建筑空调、供热、风机用能

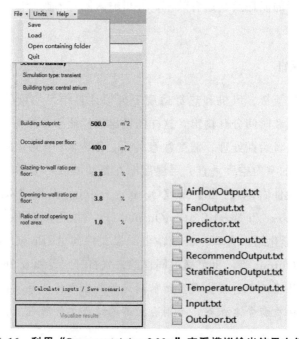

图 6.16　利用"Open containing folder"查看模拟输出结果文件夹

7 常用CFD软件介绍与VENT建模分析

CFD是计算流体力学（Computational Fluid Dynamics）的首字母缩写，是现代模拟仿真技术的一种。随着计算机技术、数值计算技术的发展，CFD模拟技术也逐渐发展起来。在建筑环境模拟中，CFD软件因为其准确性和有效性，获得了较为广泛的应用，如建筑室内外通风环境与热舒适度、建筑内污染物的扩散、建筑内火灾的蔓延等，均可使用相关CFD软件进行模拟。

需要注意的是，无论是多精确的模拟软件，软件模拟最终的输出结果取决于使用者输入的内容和信息。如果输入的信息不正确，那么模拟输出的结果必然是不正确的，依靠这个结果进行设计、评价也会出现问题。这就是在建筑模拟行业中经常说的"垃圾数据进，垃圾数据出"（Garbage In，Garbage Out）。为了提高模拟结果的可靠性，一是要选择合适的模拟软件进行相关分析；二是要通过理论指导和实践经验提高使用人员的理论水平和实践水平；三是要对模拟分析结果进行质疑，可通过简化的分析计算和其他模拟软件，对照和比较模拟分析结果，从而发现模拟结果中可能存在的问题。

7.1 CFD用于建筑性能分析

7.1.1 CFD软件介绍

计算机硬、软件技术和数值算法的不断提升，促进了通用CFD软件的发展。CFD模拟计算基本原理是数值求解控制流体流动的微分方程，得出流体流动的流场在连续区域上的离散分布，从而近似模拟流体流动情况[77]。CFD软件使建筑师、工程师从低效率的计算工作中解脱出来，投入更多精力研究问题的本质，从而有利于快速、深入地解决实际流体力学工程问题。CFD软件一般均包括三个计算环节，即前处理、求解和后处理，与之对应的程序模块常简称为前处理器、求解器和后处理器。

（1）前处理环节通常要建立描述问题的几何模型（或者从 CAD 导入），输入各种必需的边界参数条件，最后由软件自动生成网格。所完成的任务概括为两项，即几何建模和网格生成。

（2）求解环节将根据前处理环节所生成的模型的网格、所选的数值算法、边界（初始）条件等进行迭代求解，并输出计算结果。所完成的任务概括为四项：①确定求解问题的控制方程（如 $N-S$ 方程、湍流模型等）；②选用合适的离散算法（如有限容积法）将控制方程离散为代数方程；③选用常用的算法（如 SIMPLE 系列算法）对离散的代数方程求解；④在求解过程中需输入初始（边界）条件、松弛因子、物性参数等。[78]

（3）后处理环节通常是对结果（如温度场、速度场、压力场等）进行可视化处理及动画处理。[79]

CFD 软件有着独特的功能，软件的基本要求是不通过用户的交互作用，能够直接从造型系统中获取有限元计算和分析所需的数据。因此，几何造型系统和网格自动生成系统的集成是发展的必然趋势。

现有各种网格生成算法还不能实现对任意实体都划分出令人满意的网格，同时现有网格算法的效率有待于进一步提高以缩短网格生成时间，因此需要对网格算法进行改进或研究新的网格生成算法。虽然，自适应网格具有众多优点，且网格划分自适应算法的研究与应用越来越广，但目前的自适应算法在划分网格不能完全地满足要求时，还需要人为调节。因此，如何使生成的自适应网格完全"自适应"，是网格划分技术发展的必然趋势[80]。

目前建筑行业应用的 CFD 模拟软件较多，本节将简要介绍一些常用 CFD 软件的特点及适用性。

1. Fluent **系列**

Fluent 公司是全球著名的 CFD 软件供应商。Fluent 系列在很多领域都有着广泛的应用，如航空航天、汽车设计、石油天然气等。它包含着丰富的物理模型，能够精确地模拟无黏流、层流、湍流。Fluent 系列已经开发的产品包括 Fluent、GAMBIT、Airpak、Fidap、Icepak、QFin 等，适用于不同的行业领域。Fluent 是基于非结构化网格的通用 CFD 求解器。GAMBIT 是专用的 CFD 前置处理器（几何/网格生成）。Fidap 是使用有限元法于 CFD 领域的软件，其应用的范围有一般流体的流场、自由表面、紊流、非牛顿流流场、热传和化学反应等。Icepak 是专业的电子热分析软件。Airpak 则是一个通风系统分析软件，它对于建筑室内外风速计算的准确度较高，并且计算速度很快。QFin 是专门针对散热器优化和设计的 CFD 软件。从长期使用的感受来看，Airpak 是一种比较易用、模块化的建筑通风分析软件。但由于其过于模块化，自由度比较差，无法对复杂情况进行建模。因此，研究人员更适合使用 GAM-BIT 加 Fluent。

2. ANSYS

ANSYS 软件是融结构、流体、电场、磁场、声场分析于一体的大型通用有限元分析软件。它能与多数 CAD 软件接口，实现数据的共享和交换，如 Pro/Engineer、NASTRAN、Alogor、I−DEAS、AutoCAD 等，是现代产品设计中的高级 CAD 工具之一。在实体建模方面，ANSYS 软件提供了两种实体建模方法，即自顶向下与自底向上。在网格划分方面，ANSYS 软件提供了使用便捷、高质量地对 CAD 模型进行网格划分的功能。ANSYS 包括 4 种网格划分方法，即延伸划分、映像划分、自由划分和自适应划分。ANSYS 能对模型进行多方面的特性分析，分析类型可以为瞬态或稳态。分析结果可以是每个节点的压力和通过每个单元的流率，并且可以利用后处理功能产生压力、流率和温度分布的图形显示。此外，还可以使用三维表面效应单元和热-流管单元模拟结构的流体绕流并包括对流换热效应。虽然 ANSYS 软件有强大的多方面深层次的分析功能，但是对其他软件建立的 3D 模型的导入存在不兼容的问题。

3. Phoenics

Phoenics 软件是世界上第一款计算流体与计算传热学的商用软件。开放性是 Phoenics 最大的特点。Phoenics 最大限度地向用户开放了程序，用户可以根据需要添加程序与用户模型。Phoenics 软件包是流行较早的商业化工模拟软件，其特点是计算能力强、模型简单、速度快，便于模拟前期的参数初值估算，以低速热流输运现象为主要模拟对象，尤其适用于单相模拟和管道流动计算。其包含有一定数量的湍流模型、多相流模型、化学反应模型。不足之处在于计算模型较少，尤其是两相流模型，不适用于两相错流流动计算；所形成的模型网格要求正交贴体（可以使用非正交网格但易导致计算发散）；使用迎风一阶差分求值格式进行数值计算，以压力矫正法为基本解法，因而不适合高速可压缩流体的流动模拟；此外，其后处理设计尚不完善，软件的功能总量少于其他软件。其最大优点是对计算机内存、运算速度等指标要求相对较低。其边界条件以源项形式表现于方程组中是它的一大特点。

4. STAR－CD

STAR－CD 最初是由英国皇家理工大学计算流体力学领域研究人员开发的，他们根据传统传热基础理论，合作开发了基于有限体积算法的非结构化网格计算程序。在使用中，它与众不同的特点是其前处理器具有较强的 CAD 建模功能，而且它与当前流行的软件有良好的接口，绘制网格时较方便。[78]

5. Open FOAM

Open FOAM（Open Source Field Operation and Manipulation）是重要的科学计算软件包之一，源代码完全开放。其早期开发始于 20 世纪 80 年代，现已成为求解 CFD 问题的一个流行软件，不仅在工程实践领域有广泛的使用，也受到了许多科研人员的关注。建筑通风软件 VENT 采用了 Open FOAM 的计算核心。和所有 CFD 模拟一样，使用 Open FOAM 进行求解的过程，主要包括前处理、模型求解和后处理。

（1）前处理模块完成的内容主要包括：建模、生成网格、设定物理参数、设定初始边界条件、求解控制设定、选择方程求解方法、选择离散格式等。预处理阶段可以使用 Open FOAM 自带的 Foam X 或者其他辅助工具（如 Set Field、Map Field 等）完成数据操作、边界条件与求解的设置等预处理操作。网格生成可以使用 Block Mesh 生成简单的结构化网格或者采用其他辅助网格处理软件生成各种多面体非结构化网格。

（2）Open FOAM 核心求解模块主要包括数值求解器、应用求解器和应用描述三个部分。其中数值求解器封装了线性方程组的各种数值求解方法。应用求解器建立了常见物理模型的求解过程，并提供多种标准问题的配置方案。应用描述则是用户根据需要求解的具体问题编写的求解程序，一般可以通过对应用求解器进行配置来完成，用户也可以直接采用 Open FOAM 提供的核心数值求解器编写自己的应用描述程序。

（3）后处理过程对生成的结果数据进行组织和诠释。可以使用自带的 Para FOAM 或者其他专业后处理软件（如 Foam To Ensight 等）进行常用的后处理操作，包括网格显示、等值面显示、曲线绘制等。[81]

7.1.2 CFD 在建筑中的应用场景

除在微电子行业的广泛应用外，CFD 软件在建筑工程中也有不同的应用场景。风灾是主要的自然灾害之一。随着经济的发展和科学技术的进步，近二十年来，国内外建造了大量的重大工程建筑结构。一些国家甚至提出了千米高度量级的"空中城市"的概念。强风作用下结构的风荷载和响应是结构安全性和使用性的控制荷载之一。[82]

以往工程结构的抗风研究主要采用试验的方法在风洞中完成，随着计算机硬件水平的飞速发展和 CFD 技术的不断完善，数值模拟已经成为研究风工程的强有力的工具。近年来，国内外应用数值模拟方法对建筑风环境的研究开展得比较多。数值模拟较之传统的风洞试验主要有以下优点：①成本低，所需周期短、效率高；②不受模型尺度影响，可以进行全尺度的模拟，克服风洞试验中难以满足雷诺数相似的困难；③可以方便地变化各种参数，及早发现问题。总之，数值模拟较之传统的风洞试验有诸多优点，数值风洞技术正逐渐成为辅助传统试验风洞的强有力的工具，采用数值模拟方法进行结构的抗风研究很有必要。[82]

建筑物内火灾模拟也是 CFD 软件应用的一个重要方向，目前在大型公共建筑、超高层建筑中的性能化消防设计中逐渐开始应用。所谓性能化消防是指根据建设工程使用功能和消防安全要求，运用消防安全工程学原理，采用先进适用的计算分析工具和方法（如 CFD 软件等）为建设工程消防设计提供设计参数、方案，或对建设工程消防设计方案进行综合分析、评价、完善，完成相关技术文件的工作过程。由美国商业部国家标准与技术研究院（National Institute of Standard and Technology）开发的 NIST FDS and SmokeView＋Evac 是一整套火灾分析、可视化与人员疏散模拟软件，在建筑防火专业领域中有着非常广泛的应用。[83]

在建筑通风空调领域，CFD 模拟应用范围很广，主要应用于室内空气品质、污染物扩散、通风对室内热环境的影响以及建筑室外风环境的评价、分析与预测。

自然通风可通过 CFD 分析优化建筑组群布局、改善室内空气品质、提高室内人员热舒适度，是绿色建筑与建筑节能设计的一项重要内容。在机械通风与空调设计中，借助 CFD 可以模拟其中的室内空气温度、速度或者污染物的详细分布情况，还可以模拟不同送风风速、风口类型、风口位置等对于室内人员舒适度的影响。无论是普通建筑空间，如住宅、办公室、中庭等，还是特殊空间，如洁净室、客车、列车及其他需要空调的特殊空间，CFD 软件均可对空间内外风环境、热环境与空气品质进行模拟分析。

7.2 VENT 软件介绍

7.2.1 软件功能

建筑通风软件 VENT 是由北京绿建软件有限公司（简称绿建斯维尔）开发研制的。VENT 是一款专为绿色建筑设计及技术应用开发的软件，它以 AutoCAD 为构筑平台，具有建模、网格划分、流场分析和结果浏览等功能，软件方便易用、界面一目了然，便于初学人员快速上手。

针对建筑室内外风环境的特点，VENT 对 CFD 很多边界条件参数进行了固化，操作简单，降低了使用门槛，设计师都可以轻松操作，为其设计方案服务。该软件方便建筑师与工程师对建筑室内外风环境进行分析与设计，大大提高了建筑师与工程师的工作效率。

在 AutoCAD 平台下统一集成建模、计算和结果浏览，并与绿建斯维尔公司的其他绿色建筑系列模拟软件的模型兼容，室外风环境的模拟成果可以作为室内风环境的模拟条件，无缝衔接，可实现一模多算。VENT 软件输出成果是直接体现绿建性能指标的成果图，自动确定分析范围并自动划分计算网格。该软件计算的准确性得到了验证，与日本建筑学会实验测试数据相比，误差小于 10%。

建筑通风软件 VENT 由建筑建模、图形检查、CFD 设置、风场模拟和辅助工具五大模块构成，其技术路线由下列关键技术组成：

（1）软件以 AutoCAD 为运行平台，采用自定义对象技术扩充图元类型，定义出数十种建筑构件和注释对象，赋予建筑构件几何属性和专业属性。

（2）建模采用二维操作习惯，即绘制工程图的方式，完成二维图的同时获取对应的三维几何模型。

（3）计算模型由单体模型和总图模型构成。

（4）通过楼层框和总图框建立模型关系，构成基于 BIM 技术的虚拟建筑模型；通过 CFD 设置，确定来风方向、风速，以及计算网络划分策略、求解迭代次数等。

考虑 CFD 模拟的复杂性，VENT 根据建筑的特点将很多参数进行了固化。工程模型通过程序内部技术处理转换成 CFD 模拟内核可认知的计算模型，进行 CFD 模拟计算；输出风环境模拟结果的云图和矢量图，包括建筑物表面、给定水平面和给定剖面的风速、风压、风速放大系数等；此外，绿建斯维尔独创"一模多算"技术，即采用绿建斯维尔系列绿色建筑软件计算过的模型支持重复利用，一个模型在系列软件中可以"一算到底"，避免重复建模。

VENT 软件有着独特的功能：

（1）模型处理：提供室外总图建筑和遮挡物三维建模，也可直接使用建筑日照分析软件的模型。

（2）CFD 设置：自动根据建筑通风的特性固化 CFD 参数，并自动确定计算范围。

（3）流场分析：包括室外和室内风场的模拟分析，提供粗略、中等和精细3 个等级的计算分析，自动划分计算网格，不同的分析阶段可选不同的精度策略。

（4）结果浏览：快速提供风速场、风压场的分析图，支持矢量图、点云图、线框网格图、伪彩渲染图等多种表现形式。

7.2.2　术语解释

在此介绍一些容易混淆的术语，以便用户更好地理解 VENT 软件的使用。

（1）拖放（Drag‑Drop）和拖动（Dragging）：前者是按住鼠标左键不放，移动到目标位置时再松开左键，松开时操作才生效，这是 Windows 常用的操作；后者是不按鼠标键，在 AutoCAD 绘图区移动鼠标，系统给出图形的动态反馈，在绘图区左键点取位置，结束拖动。夹点编辑和动态创建使用的是拖动操作。

（2）窗口（Window）和视口（Viewport）：前者是 Windows 操作系统的界面元素；后者是 AutoCAD 文档客户区用于显示 AutoCAD 某个视图的区域，客户区上可以开辟多个视口，不同的视口显示不同的视图。

（3）浮动对话框：程序员将其称为无模式（Modeless）对话框，由于本书的目标读者并非程序员，本书中采用更容易理解的称呼，称为浮动对话框。这种对话框没有确定（OK）按钮和取消（Cancel）按钮，在 VENT 中通常用来创建图形对象，对话框列出对象的当前数据或有关设置，在视图上动态观察或操作，操作结束时，系统自动关闭对话框窗口。

7.2.3 软硬件环境

VENT 是一款 CFD 软件，CFD 是极其复杂的科学计算，因此对硬件比常规的应用要挑剔得多。尽管满足 AutoCAD 平台的软、硬件条件就可以使用 VENT，但为了更好地工作，建议采用多核 CPU＋8G 以上内存，工作硬盘上要预留至少 10G 以上的空间，一次 CFD 分析数据就可占用 1G 以上的空间。显卡建议带 OpenGL 三维加速，以便更流畅地浏览分析图。作为 CAD 应用软件，屏幕的大小是非常关键的，用户至少应当在 1024×768 的分辨率下工作。软件要求在 Windows 64 位平台运行，可以充分利用 4G 以上的内存，32 位 Windows 基本不具备运行 VENT 的条件。

7.2.4 安装和启动

不同版本 VENT 安装过程的提示可能会有所区别，不过都很直观，如果有注意事项，请查看安装盘上的说明文件。程序安装后，将在桌面上建立启动快捷图标"建筑通风 VENT"，运行该快捷方式即可启动 VENT。如果计算机安装了多个符合 VENT 要求的 AutoCAD 平台，那么首次启动时将提示选择 AutoCAD 平台。如果不喜欢每次都询问 AutoCAD 平台，可以选择"下次不再提问"，这样下次启动时，就直接进入 VENT 了。如果新安装了更合适的 AutoCAD 平台，或由于工作的需要，要变更 AutoCAD 平台，只要更改 VENT 目录下的 startup. ini，SelectAutoCAD＝1。

提示：在 VENT 的安装路径中不得出现空格及（）%＾& 这几种符号，否则将会影响计算。

7.2.5 使用界面

1. 屏幕菜单

如图 7.1 所示，VENT 的主要功能都列在屏幕菜单上。屏幕菜单采用"开合式"两级结构，在第一级菜单下可以单击展开第二级菜单，任何时候最多只能展开一个一级菜单，展开另外一个一级菜单时，原来展开的菜单自动并拢。二级菜单是真正可以执行任务的菜单，大部分菜单项都有图标，以方便用户更快地确定菜单项的位置。当光标移到菜单项上时，AutoCAD 的状态行会出现该菜单项功能的简短提示。

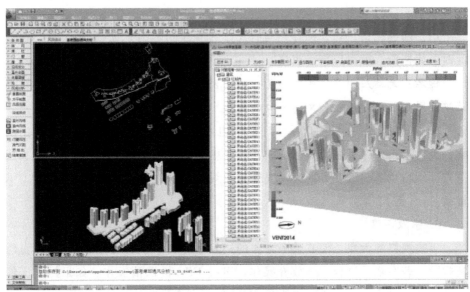

图 7.1　VENT 用户界面

2. 右键菜单

此处介绍的是绘图区的右键菜单，其他界面上的右键菜单见相应的章节，过于明显的菜单功能不再进行介绍。VENT 的功能并非都列在屏幕菜单上，有些编辑功能只在右键菜单上列出。右键菜单有两类：一类是模型空间空选右键菜单，列出绘图任务最常用的功能；另一类是选中特定对象的右键菜单，列出该对象相关的操作。

3. 命令行按钮

在命令行的交互提示中，有分支选择的提示，都变成局部按钮，可以单击该按钮或单击键盘上对应的快捷键，即进入分支选择。

提示：不要再加一个回车了。

用户可以通过设置，关闭命令行按钮和单键转换的特性。

4. 文档标签

AutoCAD 平台是多文档的平台，可以同时打开多个 DWG 文档。当有多个文档被打开时，文档标签出现在绘图区上方，可以点取文档标签快速切换当前文档。用户可以配置关闭文档标签，把屏幕空间还给绘图区。

5. 模型视口

VENT 通过简单的鼠标拖放操作，就可以轻松地操纵视口，不同的视口

97

可以放置不同的视图。

（1）新建视口。当光标移到当前视口的 4 个边界时，光标形状发生变化，此时开始拖放，就可以新建视口。

提示：光标应稍微位于图形区一侧，否则可能改变其他用户界面，如屏幕菜单和图形区的分隔条和文档窗口的边界。

（2）改视口大小。当光标移到视口边界或角点时，光标的形状会发生变化。此时，按住鼠标左键进行拖放，可以更改视口的尺寸。通常与边界延长线重合的视口也随同改变；如无须改变延长线重合的视口，可在拖动时按住Ctrl键或 Shift 键。

6. **删除视口**

更改视口的大小，使其某个方向的边发生重合（或接近重合），视口自动被删除。若在拖动过程中想放弃操作，可按 ESC 键取消操作。如果操作已经生效，则可以用 AutoCAD 的放弃（UNDO）命令处理。

7.3 建模方法

单体模型是室内风场模拟分析的基础，软件直接从单体模型中提取计算所需要的围护结构内部边界，即室内通风计算的边界。如果有绿建斯维尔一模多算的模型，就可以大大减少重新建模的工作量。VENT 可以打开、导入或转换主流建筑设计软件的图纸，然后根据建筑的框架就可以搜索出建筑的空间划分，从而进行室内通风计算。

建筑通风模拟按分析目标和技术标准规定分为室内风场和室外风场，因此，完整的通风模型应由单体模型和总图模型组成。单体模型由墙体、门窗、楼板和屋顶等建筑构件构成并有空间划分，是室内风场模拟的目标模型，软件直接从单体模型中提取模拟分析所需的建筑内部边界，即室内通风计算的边界。总图模型则由实体体量组成，用作室外风场模拟的目标模型或作为室内风场模拟的周围环境模型。二者的建模方法和手段不同。单体模型和总图模型通过楼层框、总图框、指北针有机结合起来，形成用于建筑风场模拟的虚拟建筑群。

7.3.1 条件图

单体模型所需的图档不同于普通线条绘制的图形，而是由含有建筑特征和数据的围护结构构成，实际上是一个虚拟的建筑模型。像 AutoCAD 和天正建筑 3.0 格式的图档是不能直接用于分析的，但可以通过转换和描图等手段获取符合要求的建筑图形。需要指出，建筑设计软件和建筑通风软件对建筑模型的要求是不同的，前者更注重图纸的表达，而后者更注重建筑的形态和空间的划分。建筑通风中应充分利用已有的建筑电子图档。常见的建筑设计电子图档是 DWG 格式的，如果获得的是斯维尔建筑 Arch2014 绘制的电子图档，用户可以用最短的时间建立建筑框架，直接打开即可；如果获得的是天正建筑 5.0 或天正建筑 6.0 绘制的电子图档，用户也可以用很短的时间建立建筑框架；如果获得的是天正建筑 3.0 或理正建筑绘制的电子图档，那么要转换处理，所花费的时间根据绘图的规范程度和图纸的复杂程度而定；如果转换效果不理想，也可以把它作为底图，重新描绘建筑框架。模型处理是一个技巧性很强的过程，好的方法和合理的操作将事半功倍。

1. **图形转换**

图形转换屏幕菜单命令：

【条件图】→【转条件图】（ZTJT）

【条件图】→【柱子转换】（ZZZH）

【条件图】→【墙窗转换】（QCZH）

【条件图】→【门窗转换】（MCZH）

对于天正建筑 3.0、理正建筑和 AutoCAD 绘制的建筑图，可以根据原图的规范和繁简程度，通过本组命令进行识别转换变为 VENT 的建筑模型。"转条件图"用于识别转换天正建筑 3.0 或理正建筑图，按墙线、门窗、轴线和柱子所在的不同图层进行过滤识别。由于本功能是整图转换，因此对原图的质量要求较高，对于绘制比较规范和柱子分布不复杂的情况，本功能成功率较高。

操作步骤：

（1）按命令行提示，分别用光标在图中选取墙线、门窗（包括门窗号）、轴线和柱子，选取结束后，它们所在的图层名自动提取到对话框，也可以手工输入图层名，对话框如图 7.2 所示。

提示：每种构件可以有多个图层，但不能彼此共用图层。

（2）设置转换后的竖向尺寸和容许误差。这些尺寸可以按占比例最多的数值设置，因为后期批量修改十分方便。

（3）对于被炸成散线的门窗，要想让系统能够识别需要设置门窗标识，也就是说，大致在门窗编号的位置输入一个或多个符号，系统将根据这些符号代表的标识，判定将这些散线转成门或窗。当出现如下的情况时不予转换：标识同时包含门和窗两个标识，无门窗编号，包含 MC 两个字母的门窗。总之，标识的目的是告诉系统转成什么。

（4）框选准备转换的图形。一套工程图有很多个标准层图形，一次转换多少取决于图形的复杂程度和绘制得是否规范，最少一次要转换一层标准图，最多支持全图一次转换。

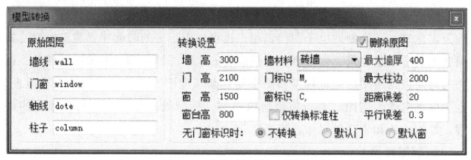

图 7.2　"模型转换"对话框

2. 柱子转换

"柱子转换"命令用于单独转换柱子，弹出的对话框如图 7.3 所示。对于一张二维建筑图，如果要将柱子和墙窗分开转换，最好先转换柱子，再转换墙窗，这会大大降低图纸复杂度并增加转换成功率。

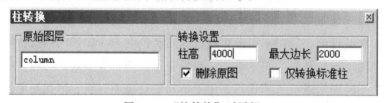

图 7.3　"柱转换"对话框

3. 墙窗转换

"墙窗转换"命令用于单独转换墙窗，其原理和操作方法与"转条件图"相同，对话框如图 7.4 所示。

图 7.4　"墙窗转换"对话框

4. 门窗转换

"门窗转换"命令用于单独转换天正建筑或理正建筑的门窗，弹出的对话框如图 7.5 所示。对话框右侧选项的意义是：勾选项的数据取自本对话框的设置，不勾选项的数据取自图中测量距离。分别设置好门窗的转换尺寸后，框选准备转换的门窗块，系统批量生成 VENT 的门窗。采用描图方式处理条件图时，当描出墙体后用本命令转换门窗最恰当。天正建筑和理正建筑的门窗是特定的图块，如果被炸成散线，该命令就无能为力；可考虑用"墙窗转换"的门窗标识方法或者利用原图中的门窗线用"两点插窗"快速插入。

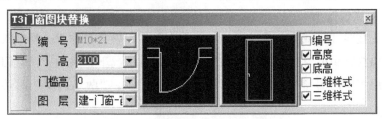

图 7.5　"门窗图块替换"对话框

提示：对于绘制不规范的原始图，转换前需做适当处理，如"消除重线"和"整理图层"等，将大大增加转换成功率。

7.3.2　描图工具

面对来源复杂的建筑图，往往描图更为可靠。尽管使用 VENT 提供的建模工具游刃有余，但描图确实有一定的技巧性，处理好了就会省时省力。在此列出描图的功能，以启发用户怎么去描图。

1. 背景褪色

描图前对天正建筑 3.0 或理正建筑的图档做褪色处理，使其作为参考底图与描出来的围护结构看上去泾渭分明。此外，对于通风分析而言，最关心的是建筑设备的工程图纸中的墙体和门窗，可以将不关心的其他图形做褪色处理，这样既不影响对图纸的阅读，又突出重点。

分支命令选项简介如下：

(1)"背景褪色"：将整个图形按 50％褪色度进行处理。

(2)"删除褪色"：删除经褪色处理的图元。

(3)"背景恢复"：经褪色处理的图纸将恢复到原来的色彩。

2. 辅助轴线

"辅助轴线"命令主要作为描图的辅助手段，对缺少轴网的图档在两根墙线之间居中生成临时轴线和表示墙宽的数字，以便沿辅助轴线绘制墙体。

3. 创建墙体

"创建墙体"命令在后面的墙体部分中有详细介绍，在此提出来的目的是提醒用户"创建墙体"中有三种定位方式，其中左边和右边定位用于沿墙边线描图，这是一个很理想的方法。

4. 门窗转换

描出墙体后，可以批量转换天正建筑 3.0 或理正建筑的门窗，然后用对象编辑修改同编号的门窗尺寸，也可以用特性表修改。

5. 两点门窗

天正建筑 3.0 或理正建筑的门窗块含有属性，一旦被炸成一堆散线，尽管可以用门窗标识的方式转换，却很麻烦。在这种情况下，采用"两点门窗"功能，利用图中的门窗线做捕捉点可快速连续插门窗。"两点门窗"对话框如图 7.6 所示。

图 7.6　"两点门窗"对话框

6. 倒墙角

"倒墙角"命令与 AutoCAD 的倒角（Fillet）命令相似，专门用于处理两段不平行的墙体的端头交角问题。当倒角半径不为 0 时，两段墙体的类型、总宽和左右宽必须相同，否则无法进行；当倒角半径为 0 时，用于不平行且未相交的两段墙体的连接，此时两墙段的厚度和材料可以不同。

7. 修墙角

"修墙角"命令提供对两端墙体相交处的清理功能，当用户使用 AutoCAD 的某些编辑命令对墙体进行操作后，墙体相交处有时会出现未按要求打断的情况，采用本命令框选墙角可以轻松处理。

7.3.3　轴网

轴网在室内通风分析中没有实质用处，仅反映建筑物的布局和围护结构的定位。轴网由轴线、轴号和尺寸标注三个相对独立的系统构成。绘制轴网通常分三个步骤：

（1）创建轴网，即绘制构成轴网的轴线。

（2）对轴网进行标注，即生成轴号和尺寸标注。

（3）编辑修改轴号。

创建轴网的屏幕菜单命令：

【轴网】→【直线轴网】（ZXZW）

【轴网】→【弧线轴网】（HXZW）

【轴网】→【墙生轴网】（QSZW）

1. 直线轴网

"直线轴网"命令可用于创建直线正交轴网或非正交轴网的单向轴线，可以同时完成开间和进深尺寸数据设置，其对话框如图 7.7 所示。

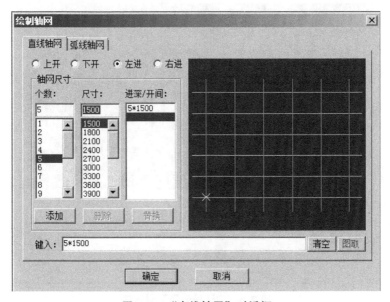

图 7.7 "直线轴网"对话框

输入轴网数据方法有两种：

（1）直接在"键入"栏内键入，每个数据之间用空格或逗号隔开，输入完毕回车生效。

（2）在"个数"和"尺寸"中键入，或单击从下方数据栏获得待选数据，双击或单击"添加"按钮后生效。

2. 弧线轴网

"弧线轴网"命令用于创建一组同心圆弧线和过圆心的辐射线组成弧线形

轴网。当开间的总和为 360°时，生成弧线轴网的特例，即圆轴网。

弧线轴网对话框如图 7.8 所示。对话框选项和操作方法简介如下：

（1）"开间"：由旋转方向决定的房间开间划分序列，用角度表示，以度为单位。

（2）"进深"：半径方向上由内到外的房间划分尺寸。

（3）"起始半径"：输入最内侧环向轴线的半径，最小值为 0。可在图中点取半径长度。

（4）"起始角度"：输入起始边与 X 轴正方向的夹角。可在图中点取弧线轴网的起始方向"绘起边"/"绘终边"。当弧线轴网与直线轴网相连时，应不画起边或终边以免轴线重合。

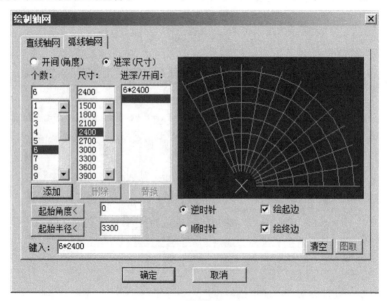

图 7.8   "弧线轴网"对话框

3. 墙生轴网

"墙生轴网"命令用于在已有墙体上批量快速生成轴网，很像先布置轴网后画墙体的逆向过程。在墙体的基线位置上自动生成轴网。该命令示例如图 7.9 所示。

4. 轴网标注

"轴网标注"有轴号标注和尺寸标注两项，软件自动一次性智能完成，但两者属不同的自定义对象，在图中是分开独立存在的。整体标注的屏幕菜单命令为

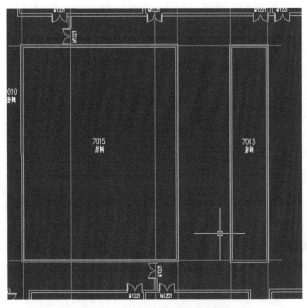

图 7.9 墙体生成的轴网示例

【轴网】→【轴网标注】（ZWBZ）

右键菜单命令：

〈选中轴线〉→【轴网标注】（ZWBZ）

本命令对起止轴线之间的一组平行轴线进行标注。能够自动完成矩形、弧形、圆形轴网，以及单向轴网和复合轴网的轴号和尺寸标注。如果需要更改对话框列出的参数和选项，选择第一根轴线，再选择最后一根轴线。

轴网标注对话框如图 7.10 所示，对话框选项和操作说明简介如下：

（1）"单侧标注"：只在轴网点取的那一侧标注轴号和尺寸，另一侧不标。

（2）"双侧标注"：轴网的两侧都标注。

（3）"共用轴号"：选取本选项后，标注的起始轴线选择前段已经标好的最末轴线，则轴号承接前段轴号继续编号，并且前一个轴号系统重排编号后，后一个轴号系统也自动相应地重排编号。

（4）"起始轴号"：选取的第一根轴线的编号，可按规范要求用数字、大小写字母、双字母、双字母间隔连字符等方式标注，如 8、A−1、1/B 等。

5. **轴号标注**

轴号标注下的屏幕菜单命令：

图 7.10　"轴网标注"对话框

【轴网】→【轴号标注】(ZHBZ)

轴号标注下的右键菜单命令：

〈选中轴线〉→【轴号标注】(ZHBZ)

本命令只对单个轴线标注轴号，标注出的轴号独立存在，不与已经存在的轴号系统和尺寸系统发生关联。

6. **轴号编辑**

轴号常用的编辑是夹点编辑和在位编辑，专用的编辑命令都在右键菜单。

（1）修改编号，使用在位编辑来修改编号。选中轴号对象，然后单击圆圈，即进入在位编辑状态。如果要关联修改后续的多个编号，回车；否则只修改当前编号。

（2）添补轴号，其右键菜单命令：

〈选中轴号〉→【添补轴号】(TBZH)

本命令对已有轴号对象添加一个新轴号。

（3）删除轴号，其右键菜单命令：

〈选中轴号〉→【删除轴号】(SCZH)

本命令删除轴号系统中某个轴号，后面相关联的所有轴号自动更新。

7.3.4　墙柱

室内通风只关注与室内空气直接接触的柱子，因为这样的柱子会造成局部气流扰动。墙体与柱相交时，墙被柱自动打断；如果柱与墙体同材料，墙体被打断的同时与柱连成一体。柱子的常规截面形式有矩形、圆形、多边形等。

1. **建筑层高**

建筑层高的相关屏幕菜单命令：

【墙柱】→【当前层高】(DQCG)

【墙柱】→【改高度】(GGD)

每层建筑都有一个层高，也就是本层墙柱的高度。"当前层高"是在创建每层的柱子和墙体之前，设置当前默认的层高，这可以避免每次创建墙体时都去修改墙高（墙高的默认值就是当前层高）。"改高度"则是创建时接受默认层高，完成一层标准图后一次性修改所有墙体和柱子的高度。对 VENT 操作熟练的用户，推荐使用这个方法。

2. **标准柱**

标准柱的屏幕菜单命令：

【墙柱】→【标准柱】（BZZ）

标准柱的截面形式为矩形、圆形或正多边形。通常柱子的创建以轴网为参照，创建标准柱的步骤如下：

（1）设置柱的参数，包括截面类型、截面尺寸和材料等。

（2）选择柱子的定位方式。

（3）根据不同的定位方式回应相应的命令行输入。

（4）步骤重复（1）～（3），或回车结束。

"标准柱"对话框如图 7.11 所示。在该对话框中，首先确定插入的柱子"形状"，常见的有矩形和圆形，还有正三角形、正五边形、正六边形、正八边形和正十二边形等。然后确定柱子的尺寸，对于矩形柱子，"横向"代表 X 轴方向的尺寸，"纵向"代表 Y 轴方向的尺寸；对于圆形柱子，需给出"直径"大小；对于正多边形柱子，需给出外圆"直径"和"边长"。

图 7.11 "标准柱"对话框

3. **墙角柱**

墙角柱的屏幕菜单命令：

【墙柱】→【角柱】（JZ）

本命令在墙角（最多四道墙汇交）处创建角柱。点取墙角后，弹出对话框如图 7.12 所示。

4. **异形柱**

异形柱的屏幕菜单命令：

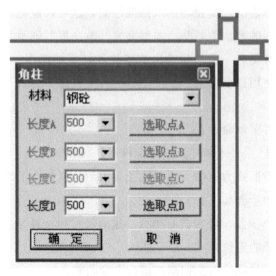

图 7.12 "角柱" 对话框

【墙柱】→【异形柱】（YXZ）

本命令可将闭合的 PLINE 转为柱对象。柱子的底标高为当前标高（ELE-VATION），柱子的默认高度取自当前层高。

7.3.5 墙体

墙体作为建筑物的主要围护结构在通风分析中起到至关重要的作用，同时它还是围成建筑物和房间的对象，又是门窗的载体。在进行模型处理的过程中，与墙体打交道最多，通风计算无法正常进行下去往往与墙体处理不当有关。如果不能用墙体围成建筑物和有效的房间，室内通风将无法进行下去。查看 VENT 墙体的表面特性，选中墙体时可以看到墙体两侧有两个黄色箭头，它们表达了墙体两侧表面的朝向特性，箭头指向墙外表示该表面朝向室外与大气接触，箭头指向墙内表示该表面朝向室内。显然，外墙两侧的箭头一个指向墙内一个指向墙外，而内墙则都指向墙内，如图 7.13 所示。

图 7.13 墙体表面特性示意

1. 墙体基线

"墙体基线"是墙体的代表线，也是墙体的定位线，通常和轴线对齐。墙体的相关判断都是依据于基线，如墙体的连接相交、延伸和剪裁等，因此互相连接的墙体应当使其基线准确交接。VENT 规定墙基线不能重合，也就是墙体不能重合；如果在绘制过程产生重合墙体，系统将弹出警告，并阻止这种情况的发生。如果用 AutoCAD 命令编辑墙体时产生了重合墙体，系统将给出警告，并要求用户排除重合墙体。建筑设计中通常不需要显示基线，但在室内通风分析中把墙基线打开有利于检查墙体的交接情况。"图面显示"菜单下有墙体的"单线/双线/单双线"开关。从图形表示来说，墙基线一般应当位于墙体内部，也可以在墙体外。选中墙对象后，表示墙位置的三个夹点，就是基线的点。

2. 墙体类型

在建筑室内通风分析中，按照墙体两侧空间的性质不同，可将墙体分为四种类型：①外墙，与室外接触，并作为建筑物的外轮廓；②内墙，建筑物内部空间的分隔墙；③户墙，住宅建筑户与户之间的分隔墙，或户与公共区域的分隔墙；④虚墙，用于室内空间的逻辑分割（如居室中的餐厅和客厅分界）。虽然在创建墙体时可以分类绘制，但 VENT 有更加便捷的自动分类方式。也就是说，创建模型时用户不必关心墙体的类型，在随后的空间划分操作中系统将自动分类。

（1）"搜索房间"：自动识别指定内外墙。

（2）"搜索户型"：在搜索房间的基础上，将内墙转换为户墙。

（3）"天井设置"：在搜索房间的基础上，将天井空间的墙体转换为外墙。

提示：上述三个功能将墙体分类后，如果又做了墙体的删除和补充，请重新进行搜索。对象特性表中也可以修改墙体的类型。此外，VENT 会忽略来自天正建筑 5.0～7.0 的建筑图所含有的装饰隔断、卫生隔段和女儿墙。如果需要这些墙体起分割房间作用，请将它们的类型改成内外墙都可以，可以用"对象查询"命令快速查看墙体的类型。

3. 墙体材料

墙体材料对室内通风模拟没有影响，在创建墙体时可以不做选择。

4. 创建墙体

创建墙体的屏幕菜单命令：

【墙柱】→【创建墙体】（CJQT）

【墙柱】→【单线变墙】（DXBQ）

墙体可以直接创建，也可以由单线转换而来，底标高为当前标高（ELE-VATION），墙体的所有参数都可以在创建后编辑修改。直接创建墙体有连续布置、矩形布置和等分创建三种方式。单线转换轴网生墙和单线变墙有两种方式。

（1）直接创建墙体。"直接创建墙体"对话框中左侧的图标为创建方式，可以创建单段墙体、矩形墙体和等分加墙，"总宽""左宽""右宽"用来指定墙的宽度和基线位置，三者互动，应当先输入总宽，然后输入左宽或右宽。"高度"参数的默认值取当前层高，若想改变这一项，设置"当前层高"即可。直接创建墙体的对话框如图 7.14 所示。

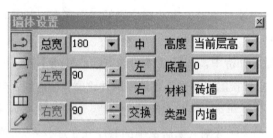

图 7.14 直接创建墙体的对话框

对话框右侧是创建墙体时的三种定位方式，即基线定位、左边定位、右边定位，表达的意义如图 7.15 所示，左边定位和右边定位特别适合描图时描墙边画墙的情况。

图 7.15 画墙定位示意

创建墙体是一个浮动对话框，画墙过程中无须关闭，可连续绘制直墙、弧墙，墙线相交处自动处理。墙宽和墙高数值可随时改变，单元段创建有误可以退回。当绘制墙体的端点与已绘制的其他墙段相遇时，自动结束连续绘制，并开始下一连续绘制过程。需要指出，在基线定位时，为了墙体与轴网的准确定位，系统提供了自动捕捉，即捕捉已有墙基线和轴线。如果有特殊需要，用户可以按 F3 打开 AutoCAD 的"捕捉"，这样就自动关闭对墙基线和轴线的捕捉。换句话说，AutoCAD 的捕捉和系统捕捉是互斥的，并且采用同一个控制键。

（2）单线变墙。本命令有两个功能：一是将 LINE 绘制的单线转为墙体对象，并删除选中单线，生成墙体的基线与对应的单线相重合；二是在设计好的轴网上成批生成墙体，然后再编辑。轴线生墙与单线变墙操作过程相似，差别在于轴线生墙不删除原来的轴线，而且被单独甩出的轴线不生成墙体。本功能在圆弧轴网中特别有用，因为直接绘制弧墙比较麻烦，可批量生成弧墙后再删除。该命令对话框如图 7.16 所示。

图 7.16　"单线变墙"对话框

7.3.6　门窗

在 VENT 中，门和窗属于两个不同类型的围护结构，二者与墙体之间有智能联动关系，门窗插入后在墙体上自动开洞，删除门窗则墙洞自动消除。因此，门窗的建模和修改效率非常高。

1. 门窗种类

建筑专业以功能划分门窗，不同形式的门窗会对室内通风效果造成影响，因此模型处理过程中务必将门窗准确分清，尤其需要注意一些建筑条件图为满足图面表达而混淆了门窗的情况。VENT 支持下列类型的门窗：

（1）普通窗。其参数与普通门类似，支持自动编号。该命令对话框及示例如图 7.17 所示。其中门槛高指门的下缘到所在的墙底标高的距离，通常就是离本层地面的距离，插入时可以选择按尺寸进行自动编号。

（2）弧窗。弧窗安装在弧墙上，并且和弧墙具有相同的曲率半径。弧窗的参数如图 7.18 所示。需要注意的是，弧墙也可以插入普通门窗，但门窗的宽度不能很大；尤其在弧墙的曲率半径很小的情况下，门窗的中点可能超出墙体的范围而导致无法插入。该命令对话框及示例如图 7.18 所示。

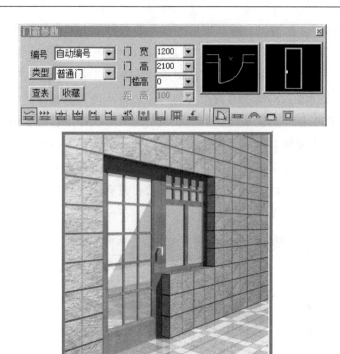

图 7.17 "门窗参数"对话框及普通门窗示例

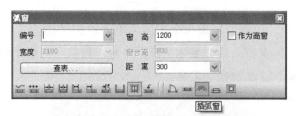

图 7.18 "弧窗"对话框及弧墙上的弧窗示例

（3）凸窗。凸窗即外飘窗，包括四种类型，其中矩形凸窗具有侧挡板特性。该命令对话框及示例如图 7.19 所示。

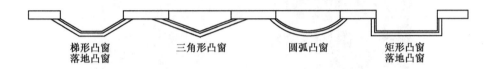

梯形凸窗　　　　三角形凸窗　　　　圆弧凸窗　　　　矩形凸窗
落地凸窗　　　　　　　　　　　　　　　　　　　　落地凸窗

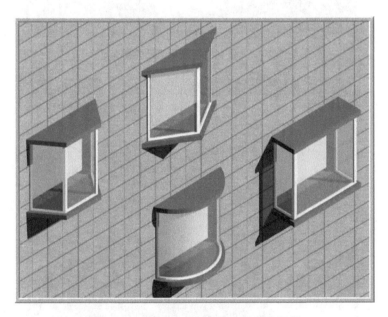

图 7.19　"凸窗"对话框及各种凸窗示例

（4）转角窗。转角窗安装在墙体转角处，即跨越两段墙的窗户，可以外飘或骑在墙上，该命令对话框及示例如图 7.20 所示。

（5）带形窗。带形窗不能外飘，可以跨越多段墙。该命令对话框及示例如图 7.21 所示。

图 7.20　"转角窗"对话框及转角窗示例

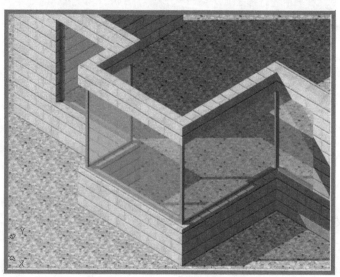

图 7.21　"带形窗"对话框及带形窗示例

2. 门窗编号

门窗编号的屏幕菜单命令：

【门窗】→【门窗编号】（MCBH）

本命令用于给图中的门窗编号，可以单选编号也可以多选批量编号，分支命令"自动编号"与"门窗插入"对话框中的"自动编号"一样，按门窗的洞口尺寸自动组号，原则是由四位数组成，前两位为宽度，后两位为高度，按四舍五入提取，如 900×2150 的门编号为 M09×22。这种规则的编号可以直观看到门窗规格，目前被广泛采用。

提示：应用 VENT 进行室内通风分析，门窗编号是一个重要的属性，用来标识同类制作工艺的门窗，即同编号的门窗，除了位置不同外，它们的材料、洞口尺寸和三维外观都应当相同。如果没有编号，形成了空号门窗，就不能进行门窗展开的设定。

3. 插入门窗

插入门窗的屏幕菜单命令：

【门窗】→【插入门窗】（CRMC）

插入门窗的右键菜单命令：

〈选中墙体〉→**【插入门窗】**（CRMC）

"插入门窗"命令汇集了普通门窗、凸窗和弧窗等多种门窗的插入功能，对话框下方还提供了定位方式按钮，这些插入方式将帮助设计者快速准确地确定门窗在墙体上的位置。虽然室内通风分析并不强调门窗精确定位，但从提高效率角度讲，还是有必要介绍一下各种定位的特点。

（1）自由插入。可在墙段的任意位置插入，鼠标点到哪插到哪，这种方式快而随意，但不能准确定位。鼠标以墙中线为分界，内外移动控制开启方向，单击一次 Shift 键控制左右开启方向，一次点击，门窗的位置和开启方向就完全确定。

（2）顺序插入。以距离点取位置较近的墙端点为起点，按给定距离插入选定的门窗。此后顺着前进方向连续插入，插入过程中可以改变门窗类型和参数。在弧墙顺序插入时，门窗按照墙基线弧长进行定位。

（3）轴线等分插入。将一个或多个门窗等分插入两根轴线之间的墙段上，如果墙段内缺少轴线，则该侧按墙段基线等分插入。

（4）墙段等分插入。与轴线等分插入相似，本命令在一个墙段上按较短的边线等分插入若干个门窗，开启方向的确定方法同自由插入。

（5）垛宽定距插入。系统自动选取距离点取位置最近的墙边线顶点作为参考位置，快速插入门窗，垛宽距离在对话框中预设。本命令特别适合插室内门，开启方向的确定同自由插入。

（6）轴线定距插入。与垛宽定距插入相似，系统自动搜索距离点取位置最近的轴线与墙体的交点，将该点作为参考位置快速插入门窗。

（7）角度定位插入。本命令专用于弧墙插入门窗，按给定角度在弧墙上插入直线型门窗。

（8）智能插入。本插入模式具有智能判定功能，规则如下：

1）系统将一段墙体分三段，两端段为定距插，中间段为居中插。

2）当鼠标处于两端段中，系统自动判定门开向有横墙一侧，内外开启方向用鼠标在墙上内外移动变换。

3）两端的定距插有两种，即墙垛定距和轴（基）线定距，可用 Q 键切换，且二者用不同颜色短分割线提示，以便不看命令行就知道当前处于什么定距状态。

（9）满墙插入。门窗在门窗宽度方向上完全充满一段墙，使用这种方式时，门窗宽度由系统自动确定。采用"两点门窗"命令，可快速插入。

4. 插转角窗

插转角窗的屏幕菜单命令：

【门窗】→【转角窗】（ZJC）

插转角窗的右键菜单命令：

〈选中墙体〉→【转角窗】（ZJC）

在墙角的两侧插入等高角窗，有三种形式，即随墙的非凸角窗（也可用带窗完成）、落地的凸角窗和未落地的凸角窗。转角窗的起始点和终止点在一个墙角的两个相邻墙段上，转角窗只能经过一个转角点。如果不是凸窗，采用下面介绍的带形窗更方便。该命令对话框如图 7.22 所示。

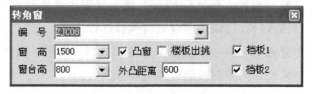

图 7.22 "转角窗"对话框

（1）操作步骤：

1）确定角窗类型：不选取"凸窗"，就是普通角窗，窗随墙布置；选取"凸窗"，再选取"楼板出挑"，就是落地的凸角窗；只选取"凸窗"，不选取"楼板出挑"，就是未落地的凸角窗，如图 7.23 所示。

2）输入窗编号和外凸尺寸。

3）点取墙角点，注意在内部点取。

4）拖动光标会动态显示角窗样式。

5）分别输入两个墙段上的转角距离，墙线显示为虚线的为当前一侧。

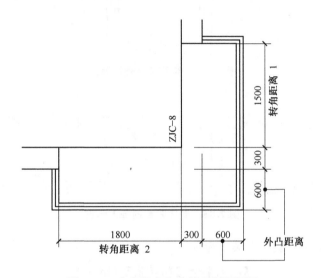

图 7.23　未落地凸角窗的示例平面图

（2）建模技巧：

1）凸角窗的凸出方向只能是阳角方向。

2）转角窗编号系统不检查其是否有冲突。

3）凸角窗的两个方向上的外凸距离只能相同。

（3）布置带形窗。其屏幕菜单命令：

【门窗】→【带形窗】（DXC）

其右键菜单命令：

〈选中墙体〉→【带形窗】（DXC）

本命令用于插入高度不变、水平方向沿墙体走向的带形窗，此类窗转角数不限。点取命令后命令行提示输入带形窗的起点和终点。带形窗的起点和终点可以在一个墙段上，也可以经过多个转角点。带形窗的插入示例如图 7.24 所示。建筑中常见的封闭阳台用带形窗最为方便，先绘制封闭的墙体，然后从起点到终点插入带形窗，就形成一个带阳台窗的封闭阳台。封闭阳台的插入示例如图 7.25 所示。

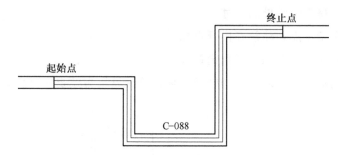

图 7.24 带形窗的插入示例

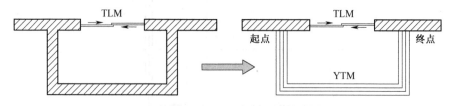

图 7.25 封闭阳台的插入示例

（4）门转窗。其屏幕菜单命令：

【门窗】→【门转窗】（MZC）

对于全玻璃门需整个转为窗；对于部分透光的门（如阳台门）则把透光的部分当作窗，即门的上部分要转成窗。本命令可以完成将部分或全部门转成窗。如果部分转换，则上部分转换为上层窗。需要指出，插入门时如果确定这个门是全玻璃门，可以直接插入同尺寸的窗代替门，免得再进行门转窗。如果门的上部透光，分别插入门和窗比较麻烦，还是先插入门再部分转窗比较方便。该命令对话框如图 7.26 所示。

图 7.26 "门转窗"对话框

（5）窗转门。其屏幕菜单命令：

【门窗】→【LJ＿CZM】（CZM）

本命令用于将窗对象转换成门。一般用于以下两种情况：一种情况是在"转条件图"中无门窗标识时默认转换成窗的门对象；另一种情况是还原"门转窗"中误转成窗的门对象。

5. 门窗打断

门窗打断的屏幕菜单命令：

【2D 条件图】→【门窗打断】（MCDD）

本命令将被内墙隔断、本属于不同房间的跨房间门窗分割成两个或多个独立的门窗。

6. 门窗编辑

门窗编辑涉及如下菜单命令。

屏幕菜单命令：

【门窗】→【插入门窗】（CRMC）

右键菜单命令：

〈选中门窗〉→【对象编辑】（DXBJ）

屏幕菜单命令：

【门窗】→【门窗整理】（MCZL）

屏幕菜单命令：

【门窗】→【插入窗扇】（CRCS）

批量修改门窗（只针对插入门窗所建立的普通门窗）在模型处理过程中非常有用，VENT 有三种特点不同的解决方法。第一种是利用插门窗对话框中的"替换"按钮；第二种是对门窗进行"对象编辑"；第三种是在特性表中进行修改。此外，还有一个功能就是"门窗整理"，可以对门窗进行编辑和整理。其中第一种方法应用最广，不仅可以改编号、尺寸，还能将门窗类型互换；第二种、第三种只能改尺寸和编号。

（1）门窗替换。打开"插入门窗"对话框并按下"替换"按钮，在右侧勾选准备替换的参数项，然后设置新门窗的参数，最后在图中批量选择准备替换的门窗，系统将用新门窗在原位置替换掉原门窗。对于不变的参数去掉勾选项，替换后仍保留原门窗的参数，例如，将门改为窗，宽度不变，应将宽度选项置空。事实上，替换和插入的界面完全一样，只是把替换作为一种定位方式。

提示：建筑专业提交的图纸中，门窗类型有时并不正确，可以用门窗替换

（清空全部过滤参数）来完成门窗类型的替换。该命令对话框如图 7.27 所示。

图 7.27　"门窗参数"对话框

（2）对象编辑。利用"对象编辑"命令可以批量修改同编号的门窗。首先对一个门窗进行修改，当命令行提示相同编号门窗是否一起修改时，回答"Y"一起修改，回答"N"只修改这一个门窗。

（3）过滤选择＋特性表。打开对象特性表（Ctrl＋1），然后用过滤选择选中多个门窗，在特性表中修改门窗的尺寸等属性，达到批量修改的目的。

（4）门窗整理。"门窗整理"命令汇集了门窗编辑和检查功能，把图中的门窗按类提取到表格中，鼠标点取列表中的某个门窗，视口自动对准并选中该门窗，此时，既可以在表格中也可以在图中编辑门窗。表格与图形之间通过"应用"和"提取"或"选取"按钮交换数据。表格中各部分所代表的意义如图 7.28 所示。当表中的数据被修改后以红色显示，提示该数据修改过且与图中

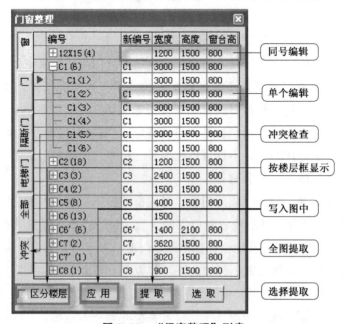

图 7.28　"门窗整理"列表

不同步，直到单击"应用"同步后才显示正常。在某个编号行进行修改，该编号下的全部门窗同步被修改。冲突检查将规格尺寸不同，却采用相同编号的同类门窗找出来，以便修改编号或尺寸。

7. 门窗开启

在室内模型导入 VENT 以后，默认所有门窗全部开启，如图 7.29 所示。如果想根据实际情况设置开启面积，需要进行门窗开启设置。以编号 T1719 窗户为例，如图 7.30 所示，单击任意该编号窗扇，右键菜单选中门窗展开，将出现门窗展开后的图形；再单击工具菜单插入窗扇，将出现绿色矩形窗扇和"窗扇尺寸"对话框，在对话框中输入开启尺寸，并选择基点，将窗扇放置到合适位置。此外，也可以通过屏幕菜单命令【设置】→【插入窗扇】→【门窗展开】进行设置。

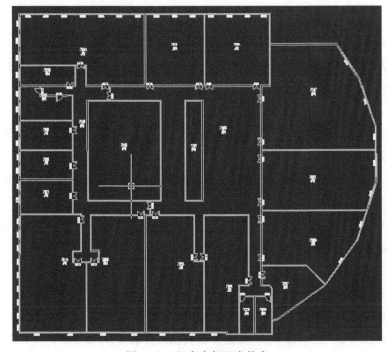

图 7.29　门窗全部开启状态

建模技巧：

(1) 门窗是否开启通过"CTRL＋1"调用门窗属性表设置。

(2) 编号相同的门窗：如果设置了某一个编号的开启面积，所有相同编号的门窗都会自动被赋予相同设置；如果想修改其他窗户的开启面积，只能修改

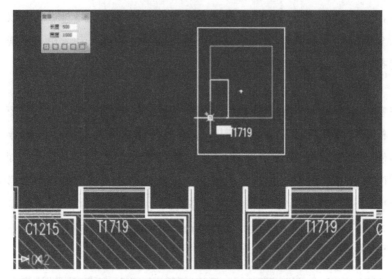

图 7.30 门窗开启设置——门窗展开设置

其门窗编号，但是某个门窗的开启状态可以独立设置。

（3）同一编号的所有门窗尺寸应相同；如果不同，需要将门窗尺寸统一或将不同尺寸的门窗重新编号，并且对门窗开启重新设置。

（4）同一编号的门窗详图不能重复展开，但是可以插入多个窗扇。

（5）门窗必须有编号才可做详图展开，对于门连窗，需将门窗分开再分别编号并做门窗展开。

（6）如将外门窗设置为关闭状态，门窗详图锁设置的开启比例不起作用，会降低可开启比例。

（7）如想设置幕墙开启比例，需在幕墙上插入窗扇，根据窗扇的面积大小调整开启比例，玻璃幕墙上的门窗默认为全部开启。

7.3.7 屋顶

屋顶是建筑物的重要围护结构。如果做了室内吊顶装修，屋顶结构类型对室内通风没有直接影响；对于没有吊顶的室内建筑，屋顶的形状将会影响室内通风模拟的结果。在 VENT 中，屋顶的数据和工程量都自动提取，无须人工计算。VENT 除了提供常规屋顶——平屋顶、多坡屋顶、人字坡顶和老虎窗，还提供了用二维线转屋顶的工具来构建复杂的屋顶。

提示： VENT 中约定屋顶对象要放置到屋顶所覆盖的房间上层楼层框内，并且数据提取中的屋顶数据也统计在上层。

1. 生成屋顶线

搜屋顶线的屏幕菜单命令：

【屋顶天窗】→【搜屋顶线】（SWDX）

本命令是一个创建屋顶的辅助工具，搜索整栋建筑物的所有墙体，按外墙的外皮边界生成屋顶平面轮廓线。该轮廓线为一个闭合 PLINE，用于构建屋顶的边界线。

操作步骤：

（1）在命令行提示"请选择互相联系墙体（或门窗）和柱子"时，选取组成建筑物的所有外围护结构，如果有多个封闭区域，要多次操作本命令，形成多个轮廓线。

（2）偏移建筑轮廓的距离请输入"0"。

2. 人字坡顶

人字坡顶的屏幕菜单命令：

【屋顶天窗】→【人字坡顶】（RZPD）

以闭合的 PLINE 为屋顶边界，按给定的坡度和指定的屋脊线位置，生成标准人字坡顶。屋脊的标高值默认为 0，如果已知屋顶的标高可以直接输入，也可以生成后编辑抬高。由于人字坡顶的檐口标高不一定平齐，因此使用屋脊的标高作为屋顶竖向定位标志。

操作步骤：

（1）准备一封闭的 PLINE，或利用"搜屋顶线"命令生成的屋顶线作为人字坡顶的边界。

（2）执行命令，在对话框中输入屋顶参数，在图中点取 PLINE。

（3）分别点取屋脊线起点和终点，生成人字坡顶，也可以把屋脊线定在轮廓边线上生成单坡屋顶。理论上讲，只要是闭合的 PLINE 就可以生成人字坡顶，具体的边界形状依据设计而定，也可以生成屋顶后与闭合 PLINE 进行"布尔编辑"运算，切割出形状复杂的坡顶。图 7.31 是创建人字坡顶的对话框，图 7.32 是几个多边形人字坡顶示例。

图 7.31 创建"人字坡顶"对话框

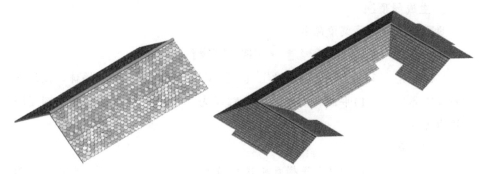

图 7.32　人字坡顶示例

3. 多坡屋顶

多坡屋顶的屏幕菜单命令：

【屋顶天窗】→【多坡屋顶】（DPWD）

由封闭的任意形状 PLINE 线生成指定坡度的坡形屋顶，可采用对象编辑单独修改每个边坡的坡度，以及用限制高度切割顶部为平顶形式。设置多坡屋顶的对话框如图 7.33 所示。

操作步骤：

（1）准备一封闭的 PLINE，或利用"搜屋顶线"命令生成的屋顶线作为屋顶的边线。

（2）执行命令，在图中点取 PLINE。

（3）给出屋顶每个坡面的等坡坡度或接受默认坡度。

（4）回车生成。

（5）选中"多坡屋顶"通过右键"对象编辑"命令进入"坡屋顶"对话框，进一步编辑坡屋顶的每个坡面，还可以通过屋顶的夹点修改边界。

在"坡屋顶"对话框中，列出了屋顶边界编号和对应坡面的几何参数。单击电子表格中某边号一行时，图中对应的边界用一个红圈实时响应，表示当前处理对象是这个坡面。用户可以逐个修改坡面的坡角或坡度，修改完成后点取"应用"使其生效。点击"全部等坡"能够将所有坡面的坡度统一为当前的坡面。坡屋顶的某些边可以指定坡角为 90°，对于矩形屋顶，表示双坡屋面的情况。标准多坡屋顶示例如图 7.34 所示。

提示：注意角度和坡度的区分。

对话框中的"限定高度"可以将屋顶在该高度上切割成平顶，效果如图 7.35 所示。

124

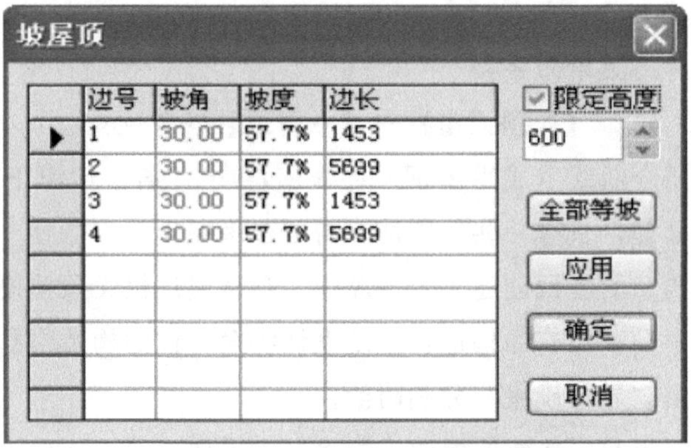

图 7.33 "坡屋顶"对话框

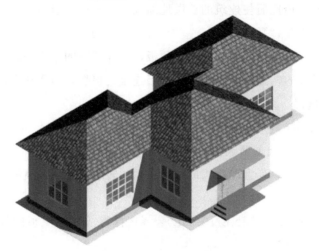

图 7.34 标准多坡屋顶示例

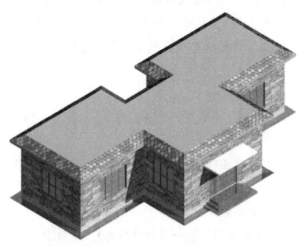

图 7.35 多坡屋顶限定高度后成为平屋顶

4. 平屋顶

平屋顶的屏幕菜单命令：

【屋顶天窗】→【平屋顶】（PWD）

本命令由闭合曲线生成平屋顶。在 VENT 中，通常情况下平屋顶无须建模，系统自动处理，只有一些特殊情况需要建平屋顶：

（1）多种构造的屋顶创建多个平屋顶，默认屋顶仍无须建模。在工程构造的"屋顶"项中设置相应的构造，系统默认将第一位的构造附给默认屋顶，其他构造的屋顶用"局部设置"分别附给。

（2）公共建筑与居住建筑混建，当上部为居住建筑、下部为公共建筑，且公共建筑的平屋顶比居住建筑的首层地面大时，与居住建筑地面重合的这部分公共建筑屋顶需要建平屋顶。

（3）地下室与室外大气相接触的顶板，当地下室的某部分顶板暴露在大气中，这部分顶板的构造不同于与地上首层连接的顶板，需要建平屋顶来解决。

5. 线转屋顶

线转屋顶的屏幕菜单命令：

【屋顶天窗】→【线转屋顶】（XZWD）

本命令将由一系列直线段构成的二维屋顶转成三维屋顶模型（PFACE）。

交互操作：

选择二维的线条（LINE/PLINE）：（选择组成二维屋顶的线段，最好全选，以便一次完整生成）

设置基准面高度＜0＞：（输入屋顶檐口的标高，通常为0）

设置标记点高度（大于0）＜1000＞：（系统自动搜索除了周边之外的所有交点，用绿色 X 提示，给这些交点赋予一个高度）

设置标记点高度（大0）＜1000＞：

继续赋予交点一个高度…

是否删除原始的边线？［是（Y）/否（N）］＜Y＞：（确定是否删除二维的线段）

命令结束后，二维屋顶转成了三维屋顶。该命令示例如图 7.36 所示。

6. 加老虎窗

加老虎窗的屏幕菜单命令：

【墙窗屋顶】→【加老虎窗】（JLHC）

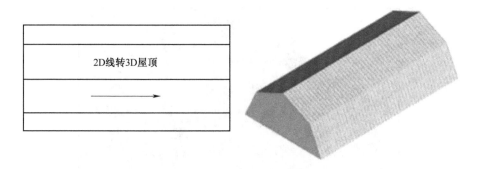

图 7.36 二维屋顶转成三维屋顶

执行屏幕菜单命令后弹出对话框，如图 7.37 所示。该命令在三维屋顶坡面上生成参数化的老虎窗对象，控制参数比较详细。老虎窗与屋顶属于父子逻辑关系，必须先创建屋顶才能够在其上正确加入老虎窗。根据光标拖拽老虎窗的位置，系统自动确定老虎窗与屋顶的关系，包括方向和标高。在屋顶坡面点取放置位置后，系统插入老虎窗并自动求出与坡顶的相贯线，切割掉相贯线以下部分实体。图 7.38 为五种老虎窗的二维视图，图 7.39 为老虎窗的三维表现。

图 7.37 "老虎窗"对话框

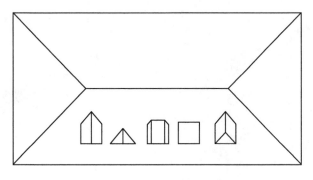

图 7.38 五种老虎窗的二维视图

图 7.39　老虎窗的三维表现

7. 墙齐屋顶

墙齐屋顶的屏幕菜单命令：

【墙柱】→【墙齐屋顶】（QQWD）

本命令以坡屋顶做参考，自动修剪屋顶下面的外墙，使这部分外墙与屋顶对齐。人字坡顶、多坡屋顶和线转屋顶都支持本功能，人字坡顶的山墙由此命令生成。命令示例如图 7.40 所示。

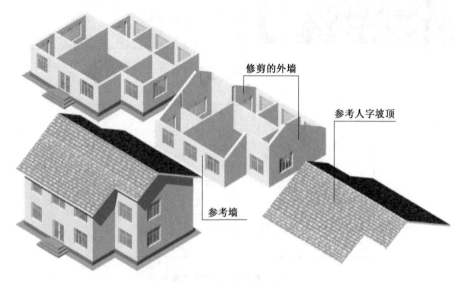

图 7.40　墙齐屋顶示例

操作步骤：

（1）必须在完成"搜索房间"和"建楼层框"后进行，坡屋顶单独一层。

（2）将坡屋顶移至其所在的标高或选择"参考墙"，由参考墙确定屋顶的实际标高。

（3）选择准备进行修剪的标准层图形，屋顶下面的内外墙被修剪，其形状与屋顶吻合。

8. 墙体恢复

工具栏：

【墙柱】→【墙体恢复】

对于被"墙齐屋顶"修剪后的墙体，可通过此命令复原到原来的矩形。

9. 屋顶开洞

屋顶开洞的右键菜单命令：

〈选中屋顶〉→【屋顶加洞】（WDJD）

屋顶消洞的右键菜单命令：

〈选中屋顶〉→【屋顶消洞】（WDXD）

本命令为人字坡顶和多坡屋顶开洞或消洞，以便提供更加精确的建筑模型。命令示例如图 7.41 所示。

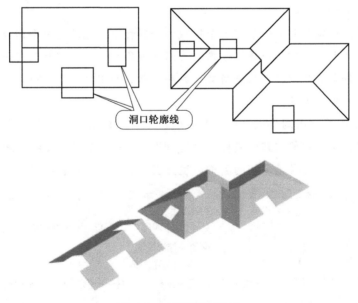

图 7.41 屋顶开洞示例

（1）开洞：事先用闭合 PLINE 绘制一个洞口水平投影轮廓线，系统按这个边界开洞。

（2）消洞：点击洞内，删去洞口，恢复屋顶原状。

7.3.8 空间划分

空间划分可以将室内的房间或者区域根据模拟需要进行划分，划分后可以按不同的边界条件做模拟分析。这样可以做到灵活确定计算域，不需要和可以简化掉的内围护结构可以不建，这将大大节省建模时间、计算时间和计算机内存。室内用来分隔各个房间的墙就是内墙；建筑中某些房间共同属于某个住户，这里称为户型或套房，围合成户型但又不与室外大气接触的墙，就是户墙。

1. 模型简化

室内通风的计算域为所有"与空气接触的"室内墙体、门窗等室内建筑轮廓，或是用户指定的计算域，与计算域无关的部分都可以忽略。

2. 搜索房间

搜索房间的屏幕菜单命令：

【空间划分】→【搜索房间】（SSFJ）

"搜索房间"是建筑模型处理中一个重要命令和步骤，能够快速地划分室内空间和室外空间，即创建或更新一系列房间对象和建筑轮廓，同时自动将墙体区分为内墙和外墙。

提示：建筑总图上如果有多个区域要分别搜索，也就是一个闭合区域搜索一次，需建立多个建筑轮廓。如果某房间区域已经有一个（且只有一个）房间对象，本命令不会删除，只更新其边界和编号。利用该命令可以快速确定所需计算域，即流体边界。

图 7.42 是"房间生成选项"对话框，当以"显示房间名称"方式搜索生成房间时，房间对象的默认名称为"房间"，通过在位编辑或对象编辑可以修改名称。这个名称既是房间的名称，也是房间的功能，可在特性表中设置。

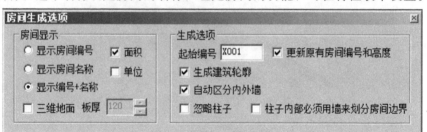

图 7.42 "房间生成选项"对话框

3. 搜索户型

搜索户型的屏幕菜单命令：

【空间划分】→【搜索户型】（SSHX）

本命令搜索并建立单元户型对象。"搜索户型"应当在"搜索房间"之后进行，即内外墙识别已经完成，房间对象已经生成，选取组成户型的房间对象生成户型。该命令对话框如图 7.43 所示。

图 7.43　户型标识设置对话框

4. 设置天井

设置天井的屏幕菜单命令：

【空间划分】→【设置天井】（SZTJ）

本命令完成天井空间的划分和设置，一定要在"搜索房间"后再操作本设置，否则天井的边界墙体内外属性不对。执行本命令后，选取"搜索房间"时在天井内生成的房间对象，使其变为天井对象。该命令示例如图 7.44 所示。

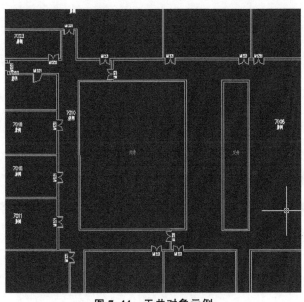

图 7.44　天井对象示例

131

5. 建楼层框

建楼层框的屏幕菜单命令：

【空间划分】→【建楼层框】(JLCK)

本命令用于全部标准层在一个 DWG 文件的模式下，确定标准层图形的范围，以及标准层与自然层之间的对应关系，其本质就是一个楼层表。楼层框的外观和夹点如图 7.45 所示。

交互操作：

第一个角点＜退出＞：（在图形外侧的四个角点中点取一个）

另一个角点＜退出＞：（向第一角点的对角拖拽光标，点取第二点，形成框住图形的方框）

对齐点＜退出＞：（点取从首层到顶层上下对齐的参考点，通常用轴线交点）

层号（形如：—1，1，3～7）＜1＞：（输入本楼层框对应自然层的层号）

层高＜3000＞：（本层的层高）

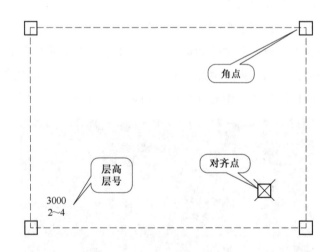

图 7.45 楼层框的外观和夹点

楼层框从外观上看就是一个矩形框，内有一个对齐点，左下角有层高和层号信息，"数据提取"中的层高取自本设置。被楼层框圈在其内的建筑模型，系统认为是一个标准层。建立过程中提示录入"层号"时，是指这个楼层框所代表的自然层，输入格式与楼层表中输入相同。楼层框的层高和层号可以采用在位编辑进行修改，方法是首先选择楼层框对象，再单击层高或层号数字，数字呈蓝色时为被选状态，直接输入新值替代原值，或者将光标插入数字中间，像编辑文本一样修改。楼层框具有五个夹点，鼠标拖拽四角上的夹点可修改楼层框的包容范围，拖拽对齐点可调整对齐位置。

6. **检查**

图形在识别转换和描图等操作过程中，难免会发生一些问题，如墙角连接不正确、墙柱未连接、围护结构重叠等，这些问题可能阻碍通风分析的正常进行。为了高效率地排除图形和模型中的错误，VENT 提供了一系列检查工具。建立单体模型后，就可以做室内通风模拟了。

(1) 图层工具。

1) 关闭图层的屏幕菜单命令：

【图层工具】→【关闭图层】（GBTC）

本功能将选中的图元所在的图层全部关闭。

2) 隔离图层的屏幕菜单命令：

【图层工具】→【隔离图层】（GLTC）

本功能保留选中的图元所在的图层，其余图层全部关闭。

3) 图层全开的屏幕菜单命令：

【图层工具】→【图层全开】（TCQK）

本功能将关闭的所有图层全部打开。

本组系列功能提供对图层的快速操作，可提高分析的效率。

(2) 检查。

1) 闭合检查。屏幕菜单命令：

【检查】→【闭合检查】（BHJC）

本命令用于检查围合空间的墙体是否闭合。光标在屏幕上动态搜索空间的边界轮廓，如果放置到建筑内部则检查房间是否闭合，放置到室外则检查整个建筑的外轮廓闭合情况。检查的结果是闭合时，沿墙线动态显示一闭合红线，单击或按 Esc 键结束操作。

2) 重叠检查。屏幕菜单命令：

【检查】→【重叠检查】（CDJC）

本命令用于检查图中重叠的墙体、柱子、门窗和房间，可删除或放置标记。检查后如果有重叠对象存在，则弹出检查结果，如图 7.46 所示。此时处于非模式状态，可用鼠标缩放和移动视图，以便准确地删除重叠对象。命令行有下列分支命令可操作：

"下一处（Q）"：转移到下一重叠处。

"上一处（W）"：退回到上一重叠处。

"删除黄色（E）"：删除当前重叠处的黄色对象。

"删除红色（R）"：删除当前重叠处的红色对象。

"切换显示（Z）"：交换当前重叠处黄色和红色对象的显示方式。

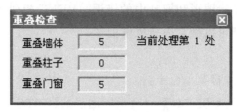

图 7.46 重叠检查结果

"放置标记（A）"：在当前重叠处放置标记，不做处理。

"退出（X）"：中断操作。

3）柱墙检查。屏幕菜单命令：

【检查】→【柱墙检查】（ZQJC）

本命令用于检查和处理图中柱内的墙体连接。图 7.47 为柱墙检查示意图。通风计算要求房间必须由闭合墙体围合而成，即便有柱子，墙体也要穿过柱子相互连接起来。有些图档，特别是来源于建筑的图档往往会有这个缺陷，因为在建筑中柱子可以作为房间的边界，只要能满足搜索房间、建立房间面积，对

提示连接位置，但需人工判定

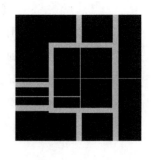

自动连接修复

图 7.47 柱墙检查示意

建筑就足够了。为了处理这类图档，VENT 采用"柱墙检查"对全图的柱内墙进行批量检查和处理，处理原则为：该打断的给予打断；未连接墙端头，延伸连接后为一个节点时自动连接；未连接墙端头，延伸连接后多于一个节点时给出提示，人工判定是否连接。

4）墙基检查。屏幕菜单命令：

【检查】→【墙基检查】（QJJC）

图 7.48 为墙基检查示意图。本命令用来检查并辅助修改墙体基线的闭合情况，系统能判定清楚的自动闭合，有多种可能的则给出示意线辅助修改。但当一段墙体的基线与其相邻墙体的边线超过一定距离时，软件不会去判定这两段墙是否要连接。默认距离为 50mm，可在 sys/Config.ini 中手动修改墙基检查控制误差"WallLinkPrec"的值。

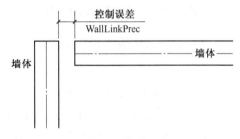

图 7.48　墙基检查示意

5）模型检查。屏幕菜单命令：

【检查】→【模型检查】（MXJC）

在做通风分析之前，利用本功能检查建筑模型是否符合要求。其中的错误或不恰当之处，将使分析和计算无法正常进行。模型检查的错误清单如图 7.49 所示。检查的项目包括：超短墙，未编号的门窗，超出墙体的门窗，楼层框层号不连续、重号和断号，与房间墙关系错误的房间对象。检查结果将提供一个清单，这个清单与图形有关联关系。用鼠标点取提示行，图形视口将自动对准到错误之处，可以即时修改，修改过的提示行在清单中以淡灰色显示。

6）关键显示。屏幕菜单命令：

【检查】→【关键显示】（GJXS）

本命令用于隐藏与通风分析无关的图形对象，只显示有关的图形，目的是简化图形，便于处理模型。

7）模型观察。屏幕菜单命令：

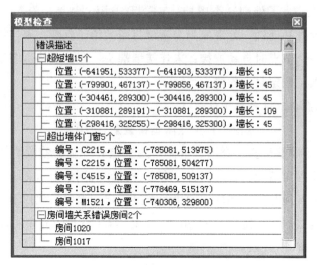

图 7.49　模型检查的错误清单

【检查】→【模型观察】（MXGC）

右键菜单命令：

【模型观察】（MXGC）

"模型观察"用来直观地浏览模型。进行本观察前必须正确完成如下设计：建立标准层，完成搜索房间并建立有效的房间对象，创建除了平屋顶之外的坡屋顶，还建立楼层框（表），这样才能查看到正确的建筑模型和数据。观察窗口支持鼠标直接操作平移、旋转和缩放。当没有单体只有总图时，无总图框也可进行模型观察；当单体和总图共存时，必须有总图框才可进行模型观察。"模型观察"对话框如图 7.50 所示。

7.3.9　总图建模

总图建模可用于创建总图模型和其他遮挡物模型，确定总图模型范围，以及解决如何与单体模型对齐整合的问题。完整的建筑通风模型由单体模型和总图模型组成。对于室外风场模拟，系统需要捕捉整个建筑物或者建筑群的形状轮廓，因此需要建立总图模型。本节将重点介绍总图模型的建模方式。

1. 单位设置

单位设置的屏幕菜单命令：

【室外总图】→【单位设置】（DWSZ）

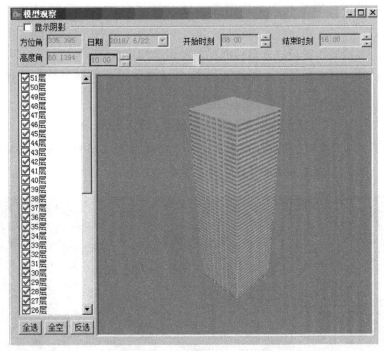

图 7.50 "模型观察"对话框

VENT 的工作模型支持米制和毫米制两种单位制，本命令可用来切换设置当前图形的单位制。事实上更好的做法应当在新建空白图纸的时候选择合适的模板，ArchMeter.dwt 是米制模板图，其他都是毫米制模板图。

通过本命令改变单位制，只是给工作模型赋予了单位制属性。而不是用本命令对已有的模型进行全自动的单位转换。如果要对已有的模型进行单位制转换，用户还需要自己用 AutoCAD 的比例缩放（SCALE）命令来对图元进行 1000 倍的放大或缩小。

有一种情况必须指出，在进行室内和室外风场联合分析时，也就是场内既有总图模型也有单体模型，总图模型的单位必须与室内单体图相同，而室内单体只能是毫米制，因此，此种情况下的总图模型必须也是毫米制。从这个意义上说，米制仅支持单纯的室外风场模拟。

2. 总图与单体模型关系

VENT 用楼层框确定总图范围，层号为 0 表示总图而不是普通楼层。单体模型与总图模型整合的原理如下：

（1）对齐点。总图楼层框上的对齐点与单体模型的各层对齐点对齐。

（2）单体平面与总图平面的指北针符号指向同向，即使用同一个北向基准。

（3）通常单体模型的方向可根据需要任意角度旋转。

（4）通过"更新单体"命令在总图中显示所需分析的单体图。屏幕菜单命令：

【室外总图】→【更新单体】（GXDT）

提示：如图 7.51 所示，如果只是把平面复制到总图中，那么目标建筑无法形成一个实体，就不能进行建筑风环境分析。

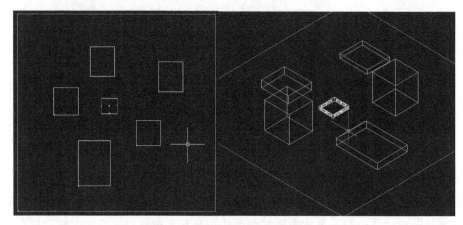

图 7.51 单体与总图没有形成联系

正确的做法是：先建楼层框，然后通过"本体入总"命令，将单体与总图联系起来。这将在后面"本体入总"命令中详细讲解。

建模技巧：

（1）如果需要分析多个单体的室内通风，则需把多个单体放到一个楼层框中，确保多个单体之间的相对位置和方向与总图中一致。

（2）多个单体仅需在首层楼层框中有一个指北针。当然，这个整合是程序在计算时自动完成的。模型创建好后，用户可以用"模型观察"进行核对，看单体建筑与总图的关系是否正确。总图楼层框内的任何三维对象都作为总图模型，因此用户可以用 AutoCAD 支持的任何方式建立三维模型对象，但图元必须置于"日—建筑"或"建—屋顶"图层中才会参与模拟计算。

提示：配套的日照分析软件 SUN 的模型可以用来作为 VENT 的总图模型。

3. 模型约定

VENT 的总图模型很简单，用柱状体（平板）代表总图上的各个建筑，即平面的建筑物轮廓加上高度。事实上，VENT 的工作模型与日照分析软件的总图模型一致，如果事先已经做过日照分析，那么就不必再去重建通风分析的总图模型了；反之亦然。

建模技巧：

（1）确保在计算分析前确认"布局转角"为 AutoCAD 默认值，否则可能会导致计算问题。

（2）尽可能不要用"PLAN"命令旋转坐标系统，否则会导致风场溢出问题。

4. 基本建模

总图基本模型的最基本部分由建筑轮廓构成，复杂形体的建模参考其他 AutoCAD 的实体建模文档。

基本建模的屏幕菜单命令：

【室外总图】→【建筑高度】（JZGD）

本命令有两个功用：一是把代表建筑物轮廓的闭合 PLINE 赋予一个给定高度和底标高，生成三维的建筑轮廓模型；二是对已有建筑轮廓重新编辑高度和标高。建筑高度表示的是竖向恒定的拉伸值，如果一个建筑物的高度分成几部分参差不齐，请分别赋予高度。圆柱状甚至是悬空的遮挡物，都可以用本命令建立。生成的三维建筑轮廓模型属于平板对象，用户也可以用建筑设计软件 Arch 的"平板"建模，放在规定的图层即可。此外用户还可以调用 OPM 特性表设置 PLINE 的标高（ELEVAION）和高度（THICKNESS），并放置到规定的图层上作为建筑轮廓。建筑轮廓的平面形态上用闭合线段描述，可用夹点拖拽或与闭合的 PLINE 做布尔运算进行编辑；竖向上则用底标高、顶标高和高度描述，"标高开/关"和"高度开/关"用于控制是否显示这三个参数，当开关打开时，从俯视图上可看到底标高、高度和顶标高数值，直接单击修改标高和高度参数，模型同步联动自动更新，也可以双击进行对象编辑，改变高度和标高。

5. 单体链接

单体链接的屏幕菜单命令：

【室外总图】→【单体链接】（DTLJ）

本命令支持链接外部多个单体，并在本图中形成总图模型，而且当外部单体有修改时可以在总图中进行更新。通过【室外总图】→【更新单体】（GX-DT），可批量更新外部已经修改的单体，但是不可以修改单体在总图中的相对位置和角度，也不可以增加单体或者修改单体名称。通过【室外总图】→【修改链接】（XGLJ）可以逐一导入外部修改的单体，同时可以修改单体在总图中的角度和名称。如果想修改单体在总图中的相对位置，则可以通过单击对应的单体进行拖拽调整。

6. **导入单体**

导入单体的屏幕菜单命令：

【室外总图】→【导入单体】（DRDT）

该命令可以从建筑专业 DWG 文件中导入已有的单体建筑轮廓，作为单体建筑插入总图中，这样可以重复利用已有单体建筑，无须通过"PLINE＋建筑高度"创建总图模型，节省总图建模时间。

导入单体的必要条件：

（1）建筑单体图中每层都有建筑轮廓对象。

（2）有正确的楼层表（内部楼层表或楼层框）。

7. **本体入总**

当总图和单体在同一张图纸中，通过【室外总图】→【本体入总】（BTRZ）将本图中的单体更新入总图框中，形成总图模型。

如果只是单纯地将平面轮廓复制到总图框里，而没有用"本体入总"这一命令，则无法对目标建筑进行室外风场计算。图 7.52 没有使用"本体入总"命令，绘制的建筑风环境图中的建筑没有形成实体，在进行计算时目标建筑被直接忽略掉。图 7.53 中，使用"本体入总"命令，单体与总图形成了联系，目标建筑形成了实体，就可以对其周围风环境进行计算。

8. **建总图框**

建总图框的屏幕菜单命令：

【室外总图】→【建总图框】（JZTK）

本命令建立一个计算范围框，只有框内的图元才参与建筑通风的分析计算。

9. **模型的修改**

双击建筑轮廓或右键菜单"对象编辑"屏幕菜单命令：

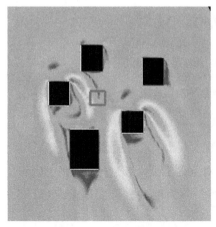

图 7.52 目标建筑没有形成实体

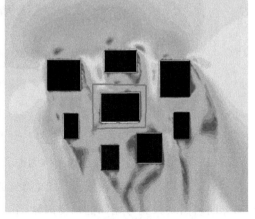

图 7.53 目标建筑形成实体

【室外总图】→【布尔编辑】(BEBJ)

"对象编辑"可以快速修改建筑轮廓的高度和标高,如果要多个建筑轮廓一起修改,请用对象特性表(CTRL+1)。"布尔编辑"用并集和差集的方法对已有的建筑轮廓进行修改。通风的建筑轮廓不需要特别精细,微小的凹凸起伏可以抹平以减少计算量,修复建筑轮廓最简单的方法就是使用辅助的闭合PLINE 线,对已有的轮廓进行并集或差集。

7.3.10 辅助工具

除建模和分析功能外,VENT 还提供了一些必要的辅助工具,包括对图层的快捷操作,曲线的编辑,图面的注释文字、表格和符号,视图视口的操作,以及文件输出和格式转换等。

1. **编辑工具**

(1) 过滤选择。屏幕菜单命令:

【其他工具】→【过滤选择】(GLXZ)

本命令提供过滤选择对象功能。首先选择过滤参考的图元对象,再选择其他符合参考对象过滤条件的图形,在复杂的图形中筛选同类对象建立需要批量操作的选择集,对话框如图 7.54 所示。

1)"图层":过滤选择条件为图层名,例如,过滤参考图元的图层为 A,则选取对象时只有 A 层的对象才能被选中。

2)"颜色":过滤选择条件为图元对象的颜色,目的是选择颜色相同的

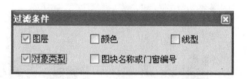

图 7.54 "过滤条件"对话框

对象。

3)"线型":过滤选择条件为图元对象的线型,如删去虚线。

4)"对象类型":过滤选择条件为图元对象的类型,如选择所有的 PLINE。

5)"图块名称或门窗编号":过滤选择条件为图块名称或门窗编号,快速选择同名图块或编号相同的门窗时使用。

操作要点:首先在"过滤条件"对话框中确定过滤条件,可以同时选择多个,即多重过滤;在图中选取参考图元,下一步的选择则以这个参考图元为依据;过滤条件确定后,空选直接回车则全选符合过滤条件的图元;也可以连续多次使用"过滤选择",多次选择的结果自动叠加。命令结束后,同类对象处于选择状态,可以继续运行其他编辑命令,对选中的物体进行批量编辑。

(2) 对象查询。屏幕菜单命令:

【其他工具】→【对象查询】(DXCX)

利用光标在各个对象上面移动,动态查询显示其信息。调用命令后,光标靠近对象屏幕就会出现数据文本窗口,显示该对象的有关数据,如图 7.55 所示。

2. 注释工具

(1) 单行文字。屏幕菜单命令:

【注释工具】→【单行文字】(DHWZ)

本命令输入单行文字和字符,输入图面的文字独立存在。该命令的特点是灵活,修改、编辑不影响其他文字。"单行文字"对话框如图 7.56 所示。

1)"文字输入框":录入文字符号等。可记录已输入过的文字,方便重复输入同类内容,在下拉选择其中一行文字后,该行文字移至首行。

2)"文字样式":在下拉框中选用已有的文字样式。

3)"对齐方式":选择文字与基点的对齐方式。

4)"转角":输入文字的转角。

5)"字高":最终图纸打印的字高,而不是在屏幕上测量出的字高数值,

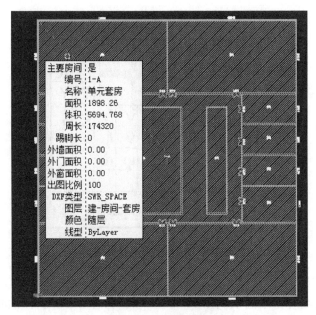

图 7.55 对象查询

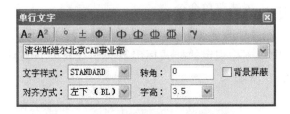

图 7.56 "单行文字"对话框

两者相差绘图比例值。

6)"特殊符号":在对话框上方选择特殊符号的输入内容和方式。

7)"上下标输入方法":鼠标选定需变为上下标的文字,然后单击上下标图标。

8)"钢筋符号输入":在需要输入钢筋符号的位置,单击相应的钢筋符号。特殊文字符号实例如图 7.57 所示,特殊字符选取对话框如图 7.58 所示。

上标:388M² 钢筋符号:二级钢⊕18和三级钢⊕32

图 7.57 特殊文字符号实例

143

图 7.58 特殊字符选取对话框

9）"背景屏蔽"：为文字增加背景屏蔽功能，用于剪切复杂背景。例如，存在图案填充等场合，本选项利用 AutoCAD 的 WIPEOUT 命令中的图像屏蔽特性，屏蔽作用随文字移动存在。打印时如果不需要屏蔽框，右击"屏蔽框关"。

（2）箭头引注。屏幕菜单命令：

【注释工具】→【箭头引注】（JTYZ）

本命令在图中以国标规定的样式标出箭头引注符号，对话框如图 7.59 所示，示例如图 7.60 所示。

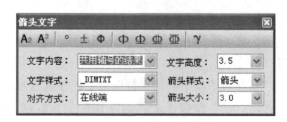

图 7.59 箭头引注符号对话框

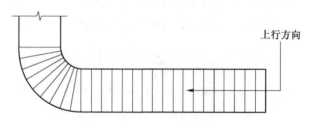

图 7.60 箭头引注符号标注示例

7.4　VENT 软件建筑室外风环境模拟

本节介绍 VENT 的核心内容——室外风场的模拟分析。室外通风需要建立室外总图模型，确定计算域，再给定风速、风向作为边界条件进行室外风环境分析。

VENT 既支持室外风场模拟，也支持室内风场分析，有三种工作方式：

（1）室外风环境分析：单独进行室外风环境分析，建立室外总图模型，给定风速、风向，即可进行模拟分析。

（2）室内自然通风分析：单独进行室内自然通风分析，建立单体或户型模型并通过外窗的特性表 OPM（Ctrl＋1 键）赋给窗口风压强，再确定外窗的开口位置，最后分析室内的自然通风效果。

（3）先室外分析，后室内分析：这种工作方式，需要建立单体模型和总图模型，并通过楼层框和总图框组成建筑群。先进行室外风环境分析，由于单体建筑也参与了室外分析，因此单体模型自动获得窗口压强，再进行室内自然通风分析。无论进行室外分析还是室内分析，首先要通过屏幕菜单命令【设置】→【工程设置】（GCSZ）对当前建筑项目的地理位置（地点）、热工分区及项目名称等基本信息进行设置。

建模完成后进行风环境分析时，有时会遇到如图 7.61 所示的这种情况，

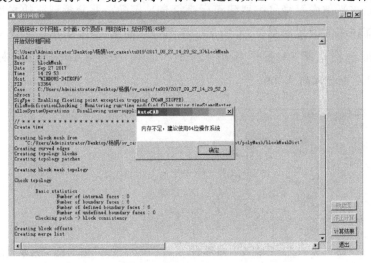

图 7.61　计算机内存不足而无法进行网格划分

即计算机内存不足，无法进行网格划分。通常情况下，首先要检查一下计算机配置，看是否是由于计算机内存的问题造成无法进行计算。如果不是计算机内存不足的原因，就可能是由于建模时图层混乱、比例失调等原因导致划分网格数过多造成的。解决的方法是，新建一个文件，把已建成的模型拷贝到这个新文件中，然后进行计算。因此，建议在建好室内外模型后进行计算时，新建一个文件，把模型拷贝到新文件中进行计算，以避免出现该情况。

7.4.1 剖面创建

流场模拟是在三维空间内进行的，但观察结果的时候用剖面表现更加方便，因此应当为浏览模拟结果配置剖面视图。VENT 提供了水平剖面和垂直剖面的视图定义，如果用户没有定义视图，系统将自动提供 1.5m 标高处的水平剖面视图，用户可在参数设置界面勾选。用户如果在计算之前确定观察某个剖面视图，可以在计算之前创建所需观察剖面；如用户在计算完成后创建剖面，则需要在结果管理界面单击"更新剖面"命令，则在结果浏览界面中将会显示所创建的剖面。创建剖面必须要建立总图框或者风场范围，而且剖面的位置至少要有一端在总图框或者风场范围内，否则无法在结果浏览中更新剖面。

1. 水平剖面

屏幕菜单命令：

【设置】→【水平剖面】（SPPM）

通过水平剖面符号（类似建筑标高符号）定义需要分析浏览的水平剖面视图，剖面视图的设置如图 7.62 所示。视图符号如图 7.63 所示，它定义了 4 个水平剖面视图，即 L1 视图标高 1.5m、L2 视图标高 1.2m、L3 视图标高 1.8m、L4 视图标高 2.0m。

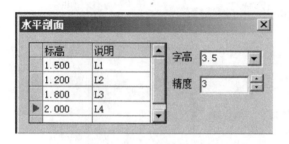

<table>
<tr><td>图 7.62　"水平剖面"对话框</td><td>图 7.63　水平视图符号</td></tr>
</table>

2. **垂直剖面**

屏幕菜单命令：

【设置】→【垂直剖面】（CZPM）

该命令用于通过垂直剖面符号定义需要分析浏览的垂直剖面视图。垂直剖面视图可按下列步骤定义：

（1）输入视图名称。

（2）输入剖面第一点。

（3）输入剖面第二点。

（4）输入视图方向，即观察的目标方向。

图 7.64 定义了垂直剖面视图 A。

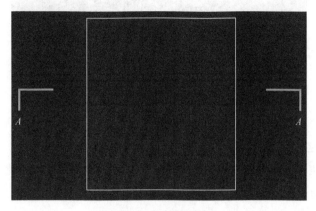

图 7.64　垂直视图符号

7.4.2　风场创建

室外风场通常为一个包围建筑群的长方体，在流体力学中称为计算区域或计算域，实际上就是风场范围。室外风场计算前，需要确定风场的大小，即风场范围；同时要确定风场的边界与建筑群边界的相对位置。风场的大小影响计算量和计算时间，风场的边界与建筑边界的相对位置又会影响风场计算的精确程度。确定合适的风场范围需要参考相关标准及工程实际。VENT 中提供程序自动创建的风场，用户也可以根据相关标准及要求创建风场。

7.4.3　风场模拟

《建筑通风效果测试与评价标准》（JGJ/T 309—2013）中建议：建筑到计

算区域上边界距离宜大于2倍建筑高度h；到出口距离宜至少为6倍的回流区长度h；到进口距离宜为到出口距离的2/3，即$4h$。国内外的研究资料中推荐：风场范围，长度方向为$10h$，高度方向为$3h \sim 4h$，宽度方向为$4h$。风场边界与建筑的距离，建筑距上边界大于$2h$，距离进口边界为$4h$，距离出口边界至少为$6h$。风场与建筑边界示意图如图7.65所示。

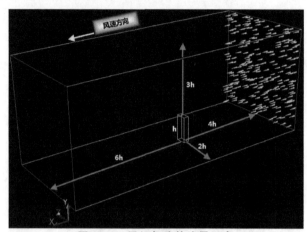

图 7.65　风场与建筑边界示意

1. 单栋建筑风场范围

上述标准及资料中描述的风场范围仅针对单栋建筑，相对比较容易建立，按照示意图中的方法即可建立合适的风场。

2. 建筑群风场范围

在实际工程中，建筑群对周围流场的影响比较复杂，不但与风场长度、高度、宽度有关，而且与周围建筑的相互位置及建筑群迎风方位有关。因此，对于一个建筑布局复杂、建筑高度差异较大的风场，如果风速方向特殊，就需要考虑这些实际情况，并结合标准进行风场创建。室外通风中，建筑背风面的尾流区风速风压分布比较重要，对于建筑群风场的创建，要尽可能保证尾流区的范围足够大并与标准接近；来流区、侧流区尺寸及风场高度可以根据实际情况适当缩小。尾流区域与来流区域示意图如图7.66所示。

对于建筑分布相对复杂的建筑群，建立风场时注意把握以下几个步骤：

（1）分析整体建筑布局，确定风速方向，测量建筑群风速方向的最大长度、宽度、高度。

（2）测量较高建筑的高度h和较低建筑的高度h'，并观察其在风场中的位置。

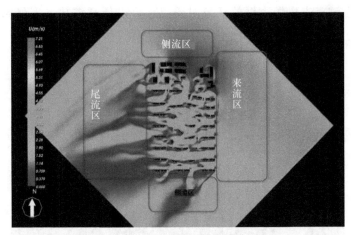

图 7.66 尾流区域与来流区域示意

（3）重点关注尾流区尺寸，确保其尺寸足够大。

（4）尽可能以高楼高度 h 作为参考设置边界。如果建筑群沿着风速方向的最大尺寸为 $500\sim1000$m，就要关注高楼的高度。建筑群中高楼包围矮楼，则重点关注尾流区的长度，尽可能确保尾流区长度达到 $6h$，并适当减小来流区、侧流区尺寸及风场高度，确保风场尺寸在 1000m 左右；建筑群中矮楼包围高楼，则确保建筑中高楼与尾流边界的最短距离为 $6h$ 左右即可，此时尾流区的长度也可以按照 $6h'$ 创建；来流区长度可按照 $4h'$ 创建。

在 VENT 中调用"风场范围"命令，选择需要分析的建筑，并点取总图中任意一点作为基点，即弹出如图 7.67 所示的风向参数设置对话框，按需求设置风速方向后确定，即可生成风场。

图 7.67 风场方向设置

3. 风场编辑

通过以下方式可以对风场进行编辑：

（1）左键点击风场边框的任意对角点，可以任意缩放、平移风场，如图
7.68 所示。

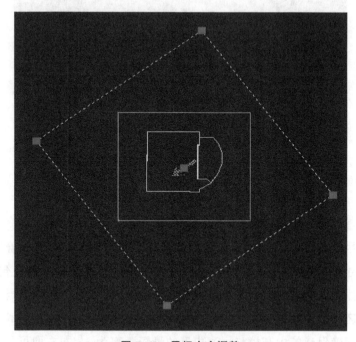

图 7.68　风场大小调整

（2）右键选中风场边框并单击"对象编辑"，即可更改风场长、宽、高及
基点。

（3）选中风场边框通过"CTRL＋1"即可通过特性表修改其尺寸等特性。

4. 创建目标建筑

目标建筑为最终需要分析的建筑，风场范围中包括目标建筑和其他影响目
标建筑通风效果的建筑。所有风场范围内的建筑都参与室外通风计算，但目标
建筑周围区域将会通过局部网格加密，提升计算精度。

VENT 提供建筑红线命令，用户可以根据需要将目标建筑划入建筑红线
中，在显示结果时，将默认显示红线内的目标建筑；其他建筑为红线外建筑，
是否显示其表面风压可以单独控制。具体方法为：首先通过闭合的多段线圈划
目标建筑，再通过以下红线建筑命令将多段线转化为建筑红线。屏幕菜单
命令：

【室外总图】→【建筑红线】（JZHX）

5. 目标建筑命名

在进行风场计算前，对风场范围内的某个建筑命名，在浏览结果时建筑名称即可显示。具体操作为：调用建筑命名命令，赋予建筑名称，选择对应建筑以及合适位置，即可完成建筑命名。屏幕菜单命令：

【室外总图】→【建筑命名】（JZMM）

6. 网格精度

建筑通风的模拟计算是计算流体力学（Computational Fluid Dynamic），VENT 针对空气动力学的特点固化了很多 CFD 计算参数。由于 CFD 计算很复杂，需要在计算精度、内存需求、计算时间之间寻求适当的平衡。

网格精度的配置体现在网格划分和迭代次数上。网格划分得越密，精度越高，对内存要求越大，计算速度也越慢。软件提供了"粗略（高速）""一般（中速）""精细（低速）"三个档次配置。"粗略（高速）"用于快速了解学习建筑通风。"一般（中速）"可以用来模拟建筑通风并获得较好的计算成果。"精细（低速）"用来精细地模拟建筑通风并获得高精度的计算成果。用户也可以自己调配计算参数，导出成磁盘文件，以便在后面的模拟分析时导入这些参数。

7. 网格参数

网格划分基本原理如图 7.69 所示，用于设置网格划分相关参数。程序会先做一次初始的网格划分，每个粗网格的大小是相同的；然后会根据建筑表面等来细分网格。细分一级就是将一个立方体网格一分为八，平面上看就是一个矩形一分为四。

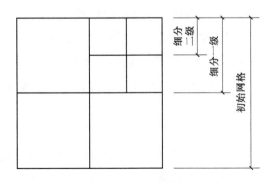

图 7.69　网格划分基本原理

网格参数对网格划分的精度和效果起决定性作用。网格太密会导致计算速度下降并浪费计算资源；网格太疏会导致计算精度不足，结果不够准确。合理的网格方案需要考虑对计算域中不同的部分采用不同的网格方案。建筑周围、远离建筑的区域、建筑物轮廓有明显的局部特征（如尖角、凹槽、凸起等细微的外装饰）、贴近地面的区域，都需要采用不同的网格方案。地面因为对空气流动有摩擦作用，导致靠近地面的一个空气层的流速呈现梯度分布，该层称为地面附面层。同理，建筑物表面对空气的阻碍也形成建筑表面附面层，附面层的网格均做特殊处理。受附面层影响，地面网格也需要做特殊加密；地面以上计算域的网格无须特殊加密，称为一般网格。

以上网格方案对网格的控制分别体现在相应的网格参数中：

（1）一般网格。

1）"分弧精度"：把圆弧分解为线段时，为弦到弧的最大距离。

2）"初始网格"：初始化时候正交网格的大小，单位，米（m）。

3）"最小细分级数"：初始网格最少细分的级数。

4）"最大细分级数"：初始网格最多细分的级数。

（2）地面网格。在一个室外风场中，靠近建筑物的区域称为近场，远离建筑物的区域称为远场。因为室外风场分析更加关注靠近建筑物的风场特征，近场的地面网格需要加密，对应地面细分级数较大；而远场地面网格较疏，对应地面细分级数较小。

1）"远场细分级数"：远场地面网格需要细分的级数。

2）"近场细分级数"：近场地面网格需要细分的级数。

（3）附面层。

1）"地面附面层数"：地面附面层网格的层数。

2）"建筑附面层数"：建筑表面附面层网格的层数。

设置网格参数时，选定风场分析，选择室外或者室内计算范围之后，会弹出"参数设置"对话框，如图 7.70 所示，在对话框里根据上述网格参数进行设置。

8. 入口风

入口风的风速、风向及与梯度风对应的地面粗糙度为风场计算的必要边界条件。在图 7.70 中右上角"入口风"处可设置入口风速、风向及地面粗糙度指数；也可点击"库中选取"调用风速数据库中的当地风速值，点击"…"调用地面粗糙度数据库中的地面粗糙度指数值。

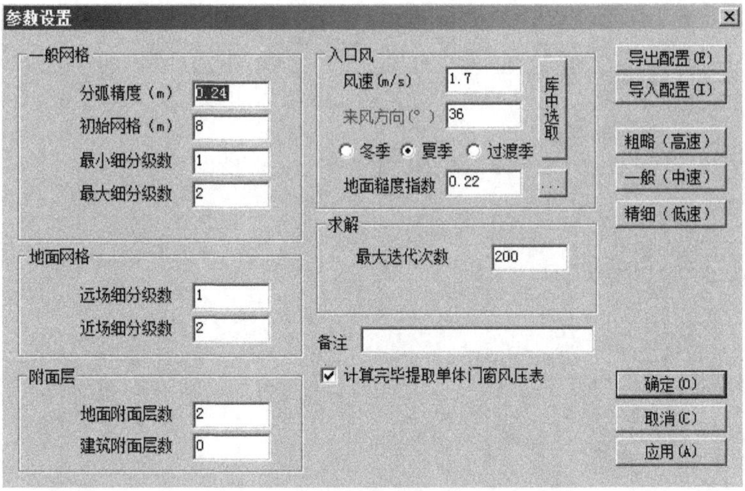

图 7.70 "参数设置"对话框

提示：此处输入的入口风速的大小并非直接作为边界条件输入计算程序中，参与风场计算的边界条件为标准中推荐的梯度风函数，详见《建筑通风效果测试与评价标准》（JGJ/T 309—2013）及相关的各地标准。

在网格参数设置之后，软件开始进入计算阶段，首先进行网格划分，同时在计算窗口顶部会显示网格划分信息，如图 7.71 所示。在此过程，需要观察网格划分是否成功、网格数、网格所包含面和定点的数量及所用时间。如果提示网格划分失败，则需要检查图纸模型、计算机内存及网格参数设置。

9. **迭代计算**

网格划分完毕后，程序开始进行迭代计算，界面将会显示迭代次数和每次迭代后物理量的残差，并记录迭代所用时间。可以点击"收敛图"按钮调用收敛图，观察收敛图是否出现异常波动；迭代过程中是否出现计算失败的提示，并根据情况检查模型和求解参数是否正确。室外通风参数设置时选择了"计算完成后提取单体风压"，迭代计算完成之后程序将会进行窗户风压的提取，如图 7.72 所示，风压数据会保存在结果数据文件夹中，并显示到窗户风压表中。

计算完成后，如果标题栏提示"已完成！已收敛！"（见图 7.73），表明计算已经达到收敛标准，结果可参考，点击"计算结果"按钮可以直接进入结果浏览界面，也可以退出后再到结果管理中查看结果。

10. **计算结果查看**

计算完成或数学迭代求解过程完成后，可以直接浏览计算结果，也可以通

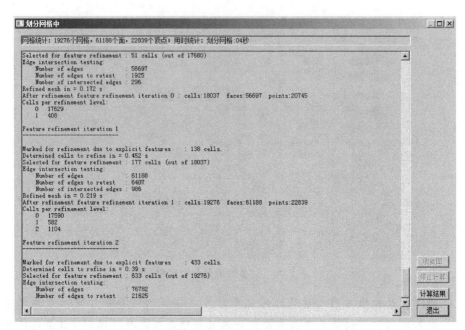

图 7.71　网格划分信息

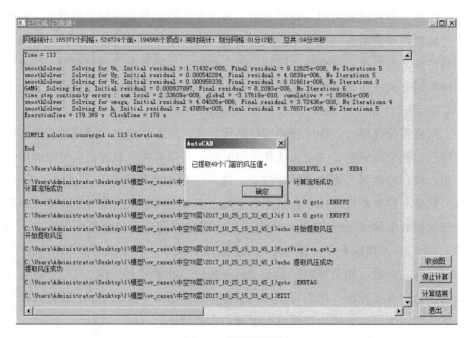

图 7.72　风压提取提示

过屏幕菜单【计算分析】→【结果管理】在结果管理框中查看结果。计算流体力学认为当残差足够小而达到某个数值并且稳定时，即可认为结果可以参考，为收敛的解；这个数值就作为判断收敛的标准。残差值会在整个迭代计算过程显示于收敛图中，如图 7.74 所示。

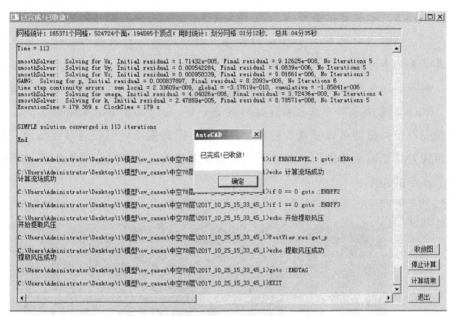

图 7.73　计算完成提示

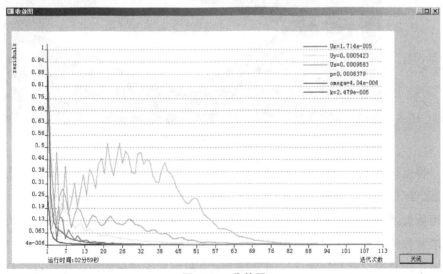

图 7.74　收敛图

提示：

（1）确认一个结果是否可信不完全取决于收敛的解，还要观察结果看是否符合物理实际；如果收敛图平稳接近横坐标，显示的流场与实际相符，且结果不再随迭代次数变化时，可结合收敛残差判定结果是否可参考。

（2）上述收敛标准基于 VENT 精细等级的计算。

（3）收敛图中的 k 和 omega 为衡量运动中流体能量损耗的数值，是风场计算必要的参考值，用户不必参考。

建筑通风的模拟结果是获得整个风场中风速、风速放大系数分布和风压分布，VENT 提供多种方法查看这些参数的分布。图 7.75 是结果浏览界面，按住鼠标左键并拖动可以任意旋转图形，按住右键并拖动可以任意缩放图形，按住滚轮并拖动可平移图形，并且可以通过浏览界面左上角的"视图"菜单调整查看图形的角度。

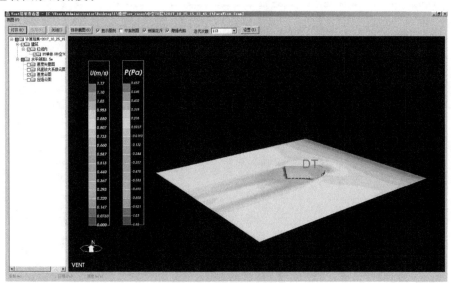

图 7.75 结果浏览界面

根据标准要求，室外通风通常查看 1.5m 水平剖面上的风速云图、风速矢量图、风压云图、风速放大系数云图；同时可以查看三维建筑表面的风压图，图形数据结合标准要求的分析详见每种图形对应的小节。风速、风压云图用于反映整体的风速、风压分布情况，风速矢量图通过箭头指向标明风速的方向，侧重于随时缩放观察局部区域的风速方向。根据实际分析需求，也可以查看某个水平剖面或垂直剖面的风速和风压图。在结果浏览器左边的图形信息栏中，可选择所需要的图形；右击"计算结果"即可弹出新建剖面的对话框，可根据需要进行水平剖面设置；剖面创建的方法也可参考。

提示：

（1）三维建筑表面风压图可以和某个剖面的风压、风速图放到一起观察，详见后续建筑表面风压云图。

（2）不宜将多个剖面图放在一起，否则图形会重叠而影响观察效果，点击"剖面互斥"后，只能一次观察一个平面的图形。

（3）软件自动提供室外 1.5m 水平剖面的图形，请确保室外总图的底标高在 1.5m 以下，否则会造成 1.5m 水平面不显示图形。

风速云图用伪彩色表示某一标高平面（剖面）的风速情况，如图 7.76 所示。窗口视图名称上可以选择不同高度的水平面，以便快速观察不同水平面上的风速情况。《绿色建筑评价标准》（GB/T 50378—2014）提出了冬季典型风速和风向下，建筑周围人行区域风速不大于 5m/s 的要求，1.5m 高度接近多数人行走的高度，通过 1.5m 高度水平面的风速云图可以快速判断主要行人区域是否满足风速的指标要求。

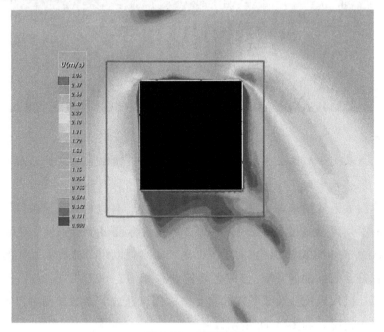

图 7.76 风速云图

风速矢量图用矢量箭头表示某一标高平面（剖面）的气流走向。矢量图不仅可以通过颜色表示风速大小，同时还可以直观地看到各点风向，此外矢量的长度也表示风速的大小，如图 7.77 所示。在窗口视图名称"速度矢量图"上右键菜单进入"属性"界面可以调整箭头的大小，以便与当前的视图匹配。矢量图可以直观地观察气流的方向，判断是否出现涡流，以及建筑群周围的气流方向是否利于空气流通。

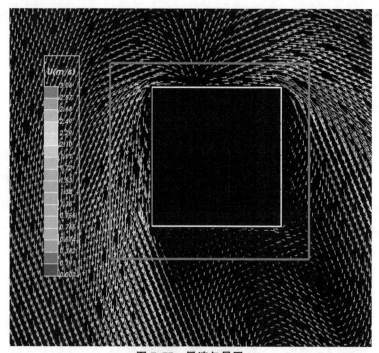

图 7.77　风速矢量图

提示：

（1）箭头大小随缩放系数增大而增大，箭头密度随网格尺寸增加而减小。

（2）网格尺寸的下限值为 50mm，小于该值可能引起无法显示。

风速放大系数用来评价室外建筑通风的特性。有些地区风速条件不好，最多风向的平均风速超过 5m/s 较多，那么风速指标就很难达到《绿色建筑评价标准》（GB/T 50378—2014）的要求；这个时候可以用风速放大系数的指标来判断是否符合该标准的要求。《绿色建筑评价标准》（GB/T 50378—2014）要求行人活动区域风速放大系数不超过 2 倍，用风速放大系数云图可以直观地了解风速放大情况，如图 7.78 所示。

压力云图显示在同一水平面或垂直剖面上不同位置压力值的分布。以水平剖面为例，如图 7.79 所示建立了 1.5m 水平剖面，则可以在计算之后显示 1.5m

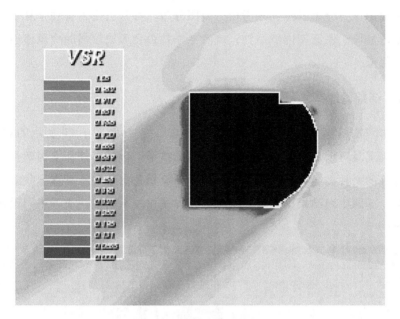

图 7.78 风速放大系数云图

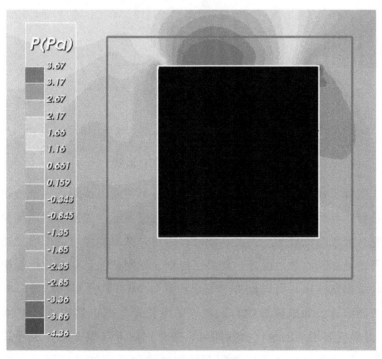

图 7.79 压力云图

水平剖面的压力分布云图。参考压力云图分布，可分析是否有利于夏季形成较好的室内通风，保证室内舒适性；或者冬季是否会形成较强的冷风渗透，不利于室内保温。

7.4.4 结果管理

点击 VENT 左侧工具栏按钮"结果管理"，弹出如图 7.80 所示的对话框。结果管理工具可以用来管理当前图模拟过的结果，包括室外和室内两类，列出每次计算的文件夹名称、网格数、备注、计算相关参数，且可查看收敛图、浏览结果、删除中间结果、删除完整结果，方便比较不同案例或者不同设置对应的结果。

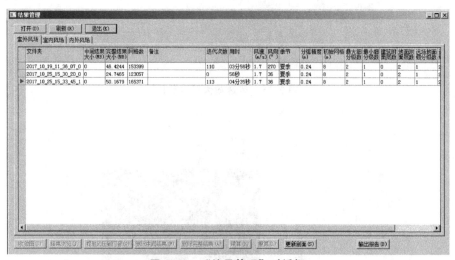

图 7.80 "结果管理"对话框

由于实际工程的室内外风场规模及设计各不相同，按照程序统一设定的迭代次数进行计算后，可能会出现结果未接近物理实际，如室外通风尾流区速度很大，室内通风涡流较多的情况；此时可以通过结果管理对话框增加迭代次数继续计算达到计算收敛。此外，如果已经划分好网格并且在迭代计算中需要暂时停止计算浏览结果，可以点击"停止计算"，即可浏览当前结果，根据需要选择是否要续算。如果需要续算，在"结果管理"框中选中该计算结果单击"续算"并设置要增加的迭代次数即可，迭代次数可以根据第一次计算的结果适当增加。网格重算功能可以重复利用室外通风已有结果的网格，修改速度值，重新计算风场，这样可以避免在计算不同速度大小的风场时重新划分网格。该功能适合进行不同风速条件下风场的比较。在结果管理框中，选中一个结果，单击重算，会弹出重算对话框，重新设置速度值，即可重新计算。

7.5 VENT 软件建筑室内通风模拟

室内通风需要建立单体或者户型模型，给定门窗压力、开口位置、开口大小作为边界条件，分析室内自然通风的效果。门、窗开口是建筑外围护结构中室内外环境交流的主要通道，建筑物通过它们与外界进行能量交换，得到新鲜的空气，自然通风对改善室内热环境的作用很大。因此，要保证室内空气流场分布均匀地流过人们经常活动的范围，同时要保证有一定的风速。

VENT 室内通风计算模块，是基于室外通风计算开发的。通常先进行室外风场的计算，计算之后会提取各个窗户表面压力值；之后在进行室内通风计算时，将所需的窗户表面压力值自动赋予对应窗户边界，作为室内分析的初始边界条件。如果用户有实测的门窗边界的压力值，也可以直接输入作为室内分析的边界条件。

提示：

（1）室内通风把一个内部房间连通的户型作为一个计算域，并逐户进行计算。

（2）各单元互相封闭的居住建筑不可一次计算整个楼层。

（3）内部房间互相连通的公共建筑可以一次计算整个楼层。

7.5.1 视图定义

室内风场关注室内流体区域流场特性，因此根据需要建立某一层建筑室内的水平剖面和垂直剖面；室内风场水平剖面的基准面为该层的室内地坪，标高为室内地坪标高。室内风场视图定义操作方法与室外相同。

提示：

软件提供室内地面以上 1.2m 高度水平剖面的彩图，如窗户标高大于 1.2m，或者窗户标高与窗户高度之和小于 1.2m，则需要人工创建水平剖面进行云图分析。对于异型窗，要根据情况确保门窗高度在所显示的水平剖面之内。

7.5.2 计算参数设定

VENT 室内通风流场计算需要设置网格参数，如图 7.81 所示，并设置门窗开启面积和门窗边界的压力值。

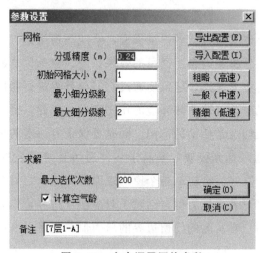

图 7.81 室内通风网格参数

1. **网格精度**

室内通风计算中精度的配置原理与室外计算基本相同，分为"粗略（高速）""一般（中速）""精细（低速）"三个档次配置。但是因为室外与室内计算域的尺度不同，具体每个档次对应的网格参数与室外通风不同。

2. **网格参数**

在室内通风分析中，不需要地面和建筑表面网格附加层，因此没有附面层网格参数；此外，在风速可能发生较大变化的窗户、门、墙的拐角附近，网格需要特别加密，最大细分级数和最小细分级数可以控制加密后网格的尺寸，而网格参数的定义则与室外风场的计算参数相同。

3. **门窗风压**

室内通风需要定义门窗是否开启、开启面积及门窗压力值；风压是室内通风计算的必要条件之一，没有风压，计算结果将会显示室内任意点速度均为 0。获取门窗风压的规则如下：在室外通风计算设置界面中选择"计算完毕提取单体门窗风压表"，如图 7.82 所示，确保门窗风压值的数据在室外通风计算完毕后可以保存到结果中（计算机硬盘中），同时可以显示在门窗风压表中，如图 7.83 所示。

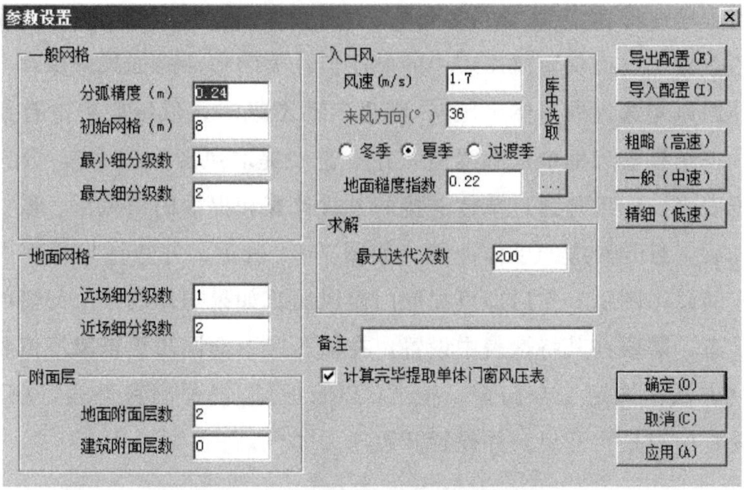

图 7.82　选择提取单体门窗风压表

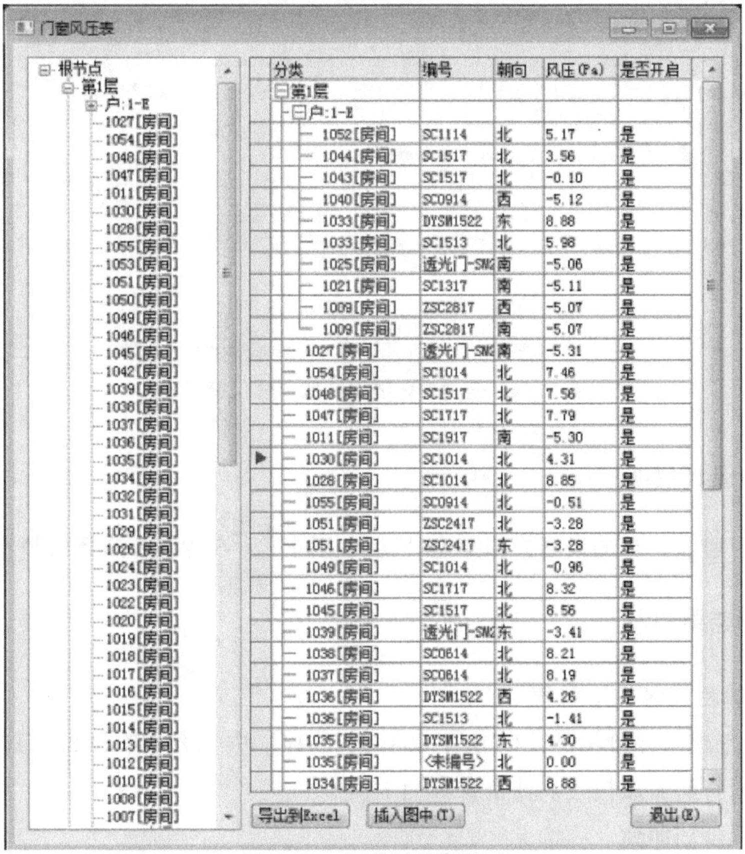

图 7.83　门窗风压表界面

关闭程序时保存文件，可以将风压表的数据保存到图纸中，即便删除硬盘上风压的数据，也可保留风压表中的风压值；关闭程序时如果未保存文件（但确认室外通风勾选提取单体风压），则再启动图纸时，风压表中没有最新的风压数据，在结果管理框中选中案例，并单击"提取风压到门窗"，数据即可提取到风压表中。如果是通过单体链接的方式计算和提取门窗风压，需要在完成室外计算后，打开对应的单体图纸，如图 7.84 所示，并在结果管理中打开该单体对应的总图图纸，然后即可提取门窗风压。如果想修改某个门窗的风压值和开启状态，需要在其特性表中设置，在风压表中会同步更新风压值和开启状态。修改方法：选定一个门窗，按"CTRL＋1"键弹出特性表，在"通风"一栏中设置门窗是否开启，并设置开启压力。

图 7.84　通过单体链接提取单体门窗风压

7.5.3　风场模拟

室内通风计算的风场模拟与室外通风相同，请参考室外风场模拟章节。

7.5.4　结果浏览

1. 绿色建筑标准解读

《绿色建筑评价标准》（GB/T 50378—2014）中 5.2.2 条和 8.2.10 条对建筑的室内自然通风效果的评价规则如下。

（1）民用建筑。

1）设玻璃幕墙且不设外窗的建筑，其玻璃幕墙透明部分可开启面积比例达到 5%，得 4 分；达到 10%，得 6 分。

2）设外窗且不设玻璃幕墙的建筑，外窗可开启面积比例达到 30%，得 4 分；达到 35%，得 6 分。

3）设玻璃幕墙和外窗的建筑，对其玻璃幕墙透明部分和外窗分别按本条第 1 款和第 2 款进行评价，得分取两项得分的平均值。

（2）居住建筑。按下列的规则分别评分并累计：通风开口面积与房间地板面积的比例在夏热冬暖地区达到 10%，在夏热冬冷地区达到 8%，在其他地区达到 5%，得 10 分。

（3）公共建筑。根据在过渡季典型工况下主要功能房间平均自然通风换气次数不小于 2 次/h 的面积比例，按照图 7.85 的规则评分，最高得 13 分。

面积比例 RR	得分
60%＜RR＜65%	6
65%≤RR＜70%	7
70%≤RR＜75%	8
75%≤RR＜80%	9
80%≤RR＜85%	10
85%≤RR＜90%	11
90%≤RR＜95%	12
RR≥95%	13

图 7.85　公共建筑过渡季节典型工况下主要功能房间自然通风评分规则

2. 图形分析

室内风场除了关注标准要求外，也关注室内某个水平或者垂直剖面上风速和压力分布以及气流组织，因此需要查看风速和压力云图、风速矢量图。空气龄作为判断室内空气质量的指标之一，反映了空气的新鲜程度，通过空气龄云图可以观察其分布。结果浏览的具体方法与室外相同，请参考室外风场模拟的结果浏览。

提示：如需分析空气龄，在室内风场参数设置界面勾选"计算空气龄"。

3. 可开启面积

依据上述民用建筑标准，需要提供建筑可开启面积比例统计，VENT 提供可开启面积比例计算书，操作方法如下，屏幕菜单命令：

【计算分析】→【开启比例】(KQBL)

通过该命令可以输出建筑可开启面积比例计算书,也可将可开启面积统计表导出或放到图中任意空白位置。可开启面积通过"门扇展开"和"插入窗扇"设置。

4. 通风开口面积

依据上述居建标准,需要提供通风开口面积与房间地板面积的比例,操作方法如下,屏幕菜单命令:

【计算分析】→【开地比】(KDB)

通过该命令可以输出通风开口面积计算书,也可将通风开口面积统计表导出或放到图中任意空白位置。通风开口面积通过"门扇展开"和"插入窗扇"设置。需要注意,必须搜索户型才可提取开地比数值;开地比界面默认只显示主要功能房间,如果查看所有房间,需要取消勾选"主要功能房间"。主要功能房间通过屏幕菜单命令【设置】→【房间功能】(FJGN)设置。开启比例的可开启面积与开地比的通风开口面积都是通过"门扇展开"和"插入窗扇"进行设置。目前,软件中认为可开启面积与通风开口面积在数值上是相等的,只是在概念上进行区分,所以可开启面积与通风开口面积的设置是完全一样的。

5. 换气次数

《绿色建筑评价标准》(GB/T 50378—2014)对于公共建筑主要功能房间通风换气次数提出要求,其条文解释中特别强调:对于复杂建筑,需采用多区域网络法进行多房间自然通风量的模拟分析计算,从而获取换气次数。软件通过室外通风计算提取建筑单体门窗风压,再通过多区域网络法计算整栋建筑的换气次数,如图 7.86 所示。具体操作如下:

屏幕菜单命令:

【计算分析】→【换气次数】(HQCS)

提示:需要在提取换气次数前通过【设置】→【房间功能】命令进行主要功能房间设置。

以下是室内外风场模拟的操作流程图,图 7.87 为室外通风操作流程,图 7.88 为居住建筑室内通风操作流程,图 7.89 为公共建筑室内通风操作流程。

分类	体积/m³	面积/m²	换气次数/(次/h)
○ 根节点			
├─○ 第1层			
│　├─⊙ 1084[房间]	113.77	29.17	27
│　├─⊙ 1083[房间]	37.67	9.66	152.1
│　├─⊙ 1082[房间]	87.19	22.36	26.9
│　├─⊙ 1081[房间]	44.72	11.47	11.4
│　├─⊙ 1080[房间]	44.72	11.47	27.39
│　├─⊙ 1079[房间]	143.81	36.88	8.19
│　├─⊙ 1078[房间]	155.32	39.83	7.3
│　├─⊙ 1077[房间]	148.13	37.98	6.63
│　├─⊙ 1076[房间]	151	38.72	9.62
│　├─⊙ 1075[房间]	92.23	23.65	28.83
│　├─⊙ 1074[房间]	19.73	5.06	0
│　├─⊙ 1073[房间]	78.19	20.05	79.6
│　├─⊙ 1072[房间]	93.72	24.03	54.67
│　├─⊙ 1071[房间]	93.72	24.03	28.89
│　├─⊙ 1070[房间]	98.63	25.29	54.88
│　├─⊙ 1069[房间]	383.5	98.33	23.45
│　├─⊙ 1068[房间]	45.69	11.71	0
│　├─⊙ 1067[房间]	57.53	14.75	11.25

图 7.86　房间换气次数

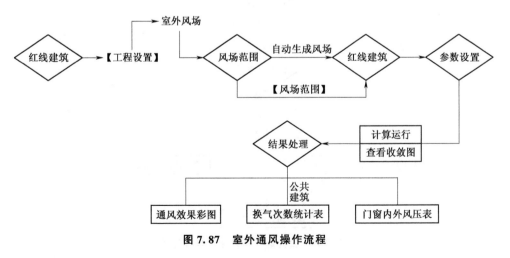

图 7.87　室外通风操作流程

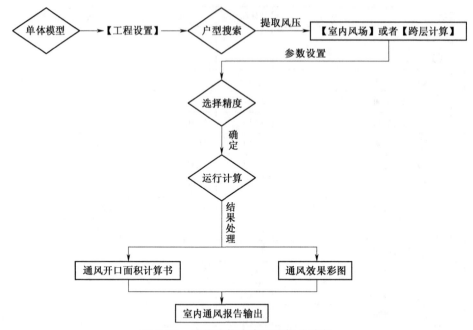

图 7.88　居住建筑室内通风操作流程

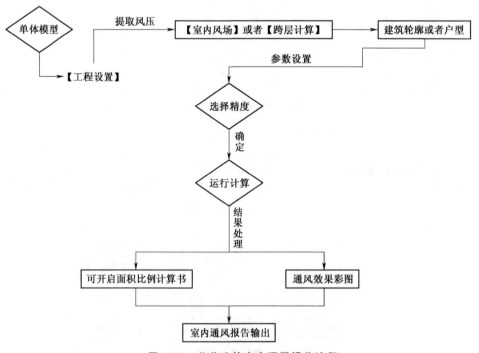

图 7.89　公共建筑室内通风操作流程

提示：

（1）根据室内是否有跨层结构，选取"跨层计算"或者"室内风场"。

（2）如果公共建筑存在互不连通的房间，需要按照居住建筑的流程先进行搜索户型，再进行计算。

本章介绍了室外风场和室内风场模拟分析的参数配置、视图定义及不同的结果表达方式，这是室外和室内风环境分析的核心环节。该软件已在一些实际案例中得到了初步应用，其实用性具有较好的实验验证结果。

8 建筑通风 CFD 模拟分析案例

CFD 软件在建筑设计特别是绿色建筑设计与咨询中有着较为广泛的应用。VENT 软件作为国内一款应用较为广泛的 CFD 模拟分析软件，近年在各大设计院和咨询公司都有不少应用案例。本章提供四个利用 VENT 软件完成的建筑风环境的分析案例，包括公共建筑和住宅建筑类型，建筑所在地涉及夏热冬冷、夏热冬暖和寒冷气候等气候区。本章分析内容既有按照国家绿色建筑标准要求的室内外风环境分析，又有对既有室内外建筑通风情况分析。由于当前 VENT 版本的限制，虽然可以通过一些特殊设定的方式模拟机械通风，但本章所提供的案例仅包括建筑自然通风情况分析，详细的机械通风模拟方法及案例分析计划待软件新版本发行后一并更新。

8.1 长沙某高层办公楼的自然通风模拟分析

8.1.1 案例信息

本项目位于长沙市，效果图如图 8.1 所示，项目总用地面积为 11013.43m²，有效用地面积为 8713.47m²，其中可计容绿地面积 437.42m²。总建筑面积为 103187.17m²，计容建筑面积 73206.77m²，地上建筑面积为 77163.89m²，地下建筑面积为 26023.28m²。建筑总高度为 149.6m，裙楼高度为 37.4m。

城市中高大建筑的数量与日俱增，这些建筑的建成将大大改变城市的风环境。一方面，高大密集的建筑群降低了城市的通风、自净能力，加剧了低风速条件下城市的空气污染和热岛效应；另一方面，在风速较大时，高大建筑周围会产生局部强风，影响行人室外活动的舒适与安全，甚至引发行人风环境（Pedestrian Level Wind Environment）问题。

CFD 可以准确地模拟计算建筑室内外的三维速度场和温度场，采用基于

图 8.1　建筑效果图（红框内为本项目）

CFD 原理的流动传热模拟软件作为模拟工具，分析和评价本项目的室外风环境现状。

　　本项目评价内容为建筑物周围人行区域距地面 1.5m 高处室外风环境情况。通过模拟分析，证明建筑物周围主要人行区 1.5m 高度冬季风速低于 5m/s，夏季风速不低于 0.5m/s，为人员室外活动提供良好的通风条件，不影响室外活动的舒适性和建筑通风。本项目参考《建筑通风效果测试与评价标准》(JGJ/T 309—2013)[84]中数值模拟的方法评价室外通风环境情况。其中数值模拟软件采用 VENT2016 软件的室外通风模块。软件提供门窗风压表作为计算室内通风的条件，并对照标准条款评价室外风环境和室内通风效果是否达标。

　　长沙属于亚热带季风气候，夏季受海风影响，吹东南风，冬季受来自西伯利亚的寒风影响，吹西北风，这二者轮流控制，季节性交替。根据《中国建筑热环境分析专用气象数据集》[85]长沙地区典型气象年的气象参数统计的 10% 大风风速、平均风速、风向频率等参数如表 8.1 所示。

表 8.1 长沙地区典型风环境统计数据

风向	夏 季			过 渡 季			冬 季		
	风向频率 (%)	平均风速/ (m/s)	10%大风/ (m/s)	风向频率 (%)	平均风速/ (m/s)	10%大风/ (m/s)	风向频率 (%)	平均风速/ (m/s)	10%大风/ (m/s)
N	4.08	3.00	5.00	7.55	3.30	5.00	5.99	4.40	7.00
NNE	4.42	2.20	3.00	2.01	2.40	3.00	1.58	2.60	5.00
NE	4.08	2.10	3.00	3.02	1.80	3.00	1.26	1.50	2.00
ENE	4.76	1.70	3.00	3.36	2.60	3.00	1.58	1.60	2.00
E	5.10	1.60	3.00	3.86	1.90	3.00	3.47	2.10	3.00
ESE	1.36	1.50	2.00	2.52	2.30	4.00	0.63	2.00	2.00
SE	7.48	2.30	4.00	5.2	2.10	4.00	0.95	1.30	2.00
SSE	7.48	2.60	3.00	3.19	2.40	3.00	0.32	1.00	1.00
S	12.24	2.60	5.00	8.22	2.30	3.00	2.21	2.90	4.00
SSW	5.44	2.30	3.00	4.19	1.80	3.00	1.26	1.80	3.00
SW	6.80	2.00	3.00	6.38	2.00	3.00	7.26	1.70	3.00
WSW	4.42	2.50	5.00	3.86	1.90	3.00	11.36	1.70	3.00
W	8.16	2.20	4.00	7.05	2.20	3.00	9.78	2.10	3.00
WNW	1.70	2.00	3.00	6.71	2.50	3.00	7.57	2.50	4.00
NW	14.97	2.70	4.00	20.97	3.10	5.00	24.29	2.80	4.00
NNW	7.48	2.60	4.00	11.74	3.70	5.00	20.5	3.70	5.00

根据气象学原理，可以通过如下公式换算：

$$u = u_0 \left(\frac{h}{h_0} \right)^n \tag{8.1}$$

式中　u——z 高度处的风速，m/s；

　　u_0——参考高度处的风速，m/s；

　　h——距地面的高度，m；

　　h_0——基准高度 h_0 处的风速，m/s，一般为 10m 高度处的风速；

　　n——指数，与建筑物所在地点的周围环境有关，取决于大气稳定度和地面粗糙度。

　　假定出流面上的流动已充分发展，流动已恢复为无阻碍物时的正常流动，故其出口边界相对压力为 0，建筑物表面为有摩擦的平滑墙壁。湍流模型反映了流体流动的状态，在流体力学数值模拟中，对不同的流体流动应该选择合适的湍流模型，才会最大限度地模拟出真实的流场数值，其具体情况如表 8.2 所示。VENT 依据《建筑通风效果测试与评价标准》（JGJ/T 309—2013）[84] 推荐的 RNG k - ε 湍流模型进行室外流场计算。

表 8.2 　　　　　　　　　几种工程流体中常见的湍流模型适用性

常用湍流模型	特点和适用工况
standard $k-\varepsilon$ 模型	简单的工业流场和热交换模拟，无较大压力梯度、分离、强曲率流，适用于初始的参数研究
RNG $k-\varepsilon$ 模型	适合包括快速应变的复杂剪切流、中等旋涡流动、局部转换流如边界层分离、钝体尾迹涡、大角度失速、房间通风、室外空气流动
realizable $k-\varepsilon$ 模型	旋转流动、强逆压梯度的边界层流动、流动分离和二次流，类似于 RNG

城市中心下垫面区域风速分布如图 8.2 所示。

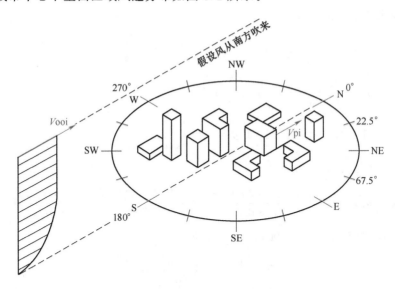

图 8.2　城市中心下垫面区域风速分布

CFD 方法是针对流体流动的质量守恒、动量守恒和能量守恒建立数学控制方程，其一般形式为

$$\frac{\partial(\rho\phi)}{\partial t} + \mathrm{div}(\rho\vec{U}\phi) = \mathrm{div}(\Gamma_\phi \mathrm{grad}\phi) + S_\phi \qquad (8.2)$$

该式中的 ϕ 可以是速度、湍流动能、湍流耗散率以及温度等。针对不同

的方程，其具体表现形式如表 8.3 所示。

表 8.3　　　　　　　　　　计算流体力学的控制方程

名称	变量	Γ_ϕ	S_ϕ
连续性方程	1	0	0
x 速度	u	$\mu_{\text{eff}} = \mu + \mu_{\text{t}}$	$-\dfrac{\partial P}{\partial x} + \dfrac{\partial}{\partial x}\left(\mu_{\text{eff}}\dfrac{\partial u}{\partial x}\right) + \dfrac{\partial}{\partial y}\left(\mu_{\text{eff}}\dfrac{\partial v}{\partial x}\right) + \dfrac{\partial}{\partial z}\left(\mu_{\text{eff}}\dfrac{\partial w}{\partial x}\right)$
y 速度	v	$\mu_{\text{eff}} = \mu + \mu_{\text{t}}$	$-\dfrac{\partial P}{\partial y} + \dfrac{\partial}{\partial x}\left(\mu_{\text{eff}}\dfrac{\partial u}{\partial y}\right) + \dfrac{\partial}{\partial y}\left(\mu_{\text{eff}}\dfrac{\partial v}{\partial y}\right) + \dfrac{\partial}{\partial z}\left(\mu_{\text{eff}}\dfrac{\partial w}{\partial y}\right)$
z 速度	w	$\mu_{\text{eff}} = \mu + \mu_{\text{t}}$	$-\dfrac{\partial P}{\partial z} + \dfrac{\partial}{\partial x}\left(\mu_{\text{eff}}\dfrac{\partial u}{\partial z}\right) + \dfrac{\partial}{\partial y}\left(\mu_{\text{eff}}\dfrac{\partial v}{\partial z}\right) + \dfrac{\partial}{\partial z}\left(\mu_{\text{eff}}\dfrac{\partial w}{\partial z}\right) - \rho g$
湍流动能	k	$\alpha_k \mu_{\text{eff}}$	$G_k + G_B - \rho\varepsilon$
湍流耗散	ε	$\alpha_\varepsilon \mu_{\text{eff}}$	$C_{1\varepsilon}\dfrac{\varepsilon}{k}(G_k + C_{3\varepsilon}G_B) - C_{2\varepsilon}\rho\dfrac{\varepsilon^2}{k} - R_\varepsilon$
温度	T	$\dfrac{\mu}{Pr} + \dfrac{\mu_{\text{t}}}{\sigma_T}$	S_T

表 8.3 中的常数如下：

$$G_k = \mu_{\text{t}} S^2, \ S = \sqrt{2S_{ij}S_{ij}}, \ S_{ij} = \frac{1}{2}\left(\frac{\partial u_j}{\partial x_i} + \frac{\partial u_i}{\partial x_j}\right)$$

$$G_B = \beta_T g \frac{\mu_{\text{t}}}{\sigma_T}\frac{\partial T}{\partial y}, \ \mu_{\text{t}} = \rho C_\mu \frac{k^2}{\varepsilon}, \ C_\mu = 0.0845$$

$$C_{1\varepsilon} = 1.42, \ C_{2\varepsilon} = 1.68, \ C_{3\varepsilon} = \tanh\left|\frac{v}{\sqrt{u^2 + w^2}}\right|$$

$$\sigma_T = 0.85, \ \sigma_C = 0.7$$

$$\alpha_k = \alpha_\varepsilon, \ 且由 \left|\frac{\alpha - 1.3929}{\alpha_0 - 1.3929}\right|^{0.6321}\left|\frac{\alpha + 2.3929}{\alpha_0 + 2.3929}\right|^{0.3679} = \frac{\mu}{\mu_{eff}} \ 计算，其中$$

$\alpha_0 = 1.0$，如果 $\mu \ll \mu_{\text{eff}}$，则 $\alpha_k = \alpha_\varepsilon \approx 1.393$。

$$R_\varepsilon = \frac{C_\mu \rho\eta^3(1 - \eta/\eta_0)}{(1 + \beta\eta^3)}\frac{\varepsilon^2}{k}$$

其中 $\eta = Sk/\varepsilon$，$\eta_0 = 4.38$，$\beta = 0.012$。

目前 CFD 计算方法主要采用有限差分法和有限体积法。一般情况下，两者的数学本质及其表达是相同的，只是物理含义有所区别，有限差分法基于微分的思想，有限体积法基于物理守恒的原理。VENT 软件采用有限体积法，同时采用压强校正法（SIMPLE）处理连续性方程，将运动方程的差分方程代入连续性方程建立起基于连续性方程代数离散的压强联系方程，求解压强量或压强调整量。CFD 计算需要将 CFD 数学模型中的高度非线性的方程离散为可用于求解的方程，这个过程需要用到差分方法。VENT 采用二阶迎风格式对方程进行离散，二阶迎风格式的准确性可满足一般流体模拟计算的要求，同时满足《建筑通风效果测试与评价标准》（JGJ/T 309—2013）[84]对于数值模拟算法的要求。区域内自然通风的评价主要以蒲福风力等级作为标准。当区域内为轻风或微风时（风力等级 2～3 级），人们活动感觉较舒适。当区域内为和风以上时（风力等级 4 以上），可能对人们的活动造成一些不便，甚至产生威胁，成为风害。

8.1.2　室外风环境分析

建筑立面的风压差是评价建筑室内通风效果的重要指标，较大的风压差对室内通风有利。如果建筑前后风压差小，可通过合理的室内布局与户型及开窗方式促进室内通风效果。如果风压差过大，会造成建筑物的门窗和建筑外装饰物等破损、脱落。冬季建筑物前后风压差过大会加大冷风渗透，增加空调采暖能耗和室内人员不舒适感，因此，在冬季需注意建筑的防风。

冬季主导风为西北风，平均风速为 2.8m/s。图 8.3 和图 8.4 为冬季西北风风向情况下的建筑室外风环境模拟计算结果。图 8.3 为场地周边人员活动高度 1.5m 风速云图；图 8.4 为场地周边人员活动高度 1.5m 风速矢量。冬季在

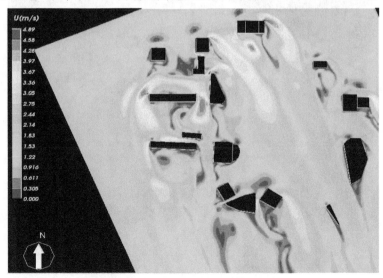

图 8.3　冬季室外 1.5m 高度风速云图

西北风作用下，本项目大部分室外人员活动区域平均风速控制在5m/s以下，局部区域风速相对较大，最大风速为3m/s，小于5m/s，满足室外风速的要求。

夏季主导风为南风，风速为2.6m/s；图8.5和图8.6为夏季东南风风向情况下的建筑室外风环境模拟计算结果。图8.5为场地周边人员活动高度1.5m风速俯视云图；图8.6为场地周边人员活动高度1.5m风速矢量图。在

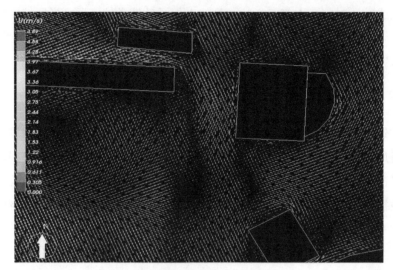

图8.4　冬季室外1.5m高度风速矢量图

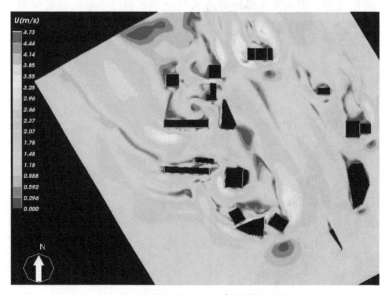

图8.5　夏季室外1.5m高度风速云图

夏季，本项目中大部分室外人员活动区域平均风速在 0.5m/s 以上，局部区域风速相对较小，最小风速约为 0.5m/s，满足室外风速的要求。

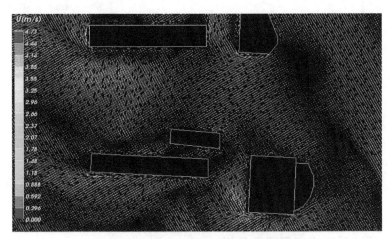

图 8.6　夏季室外 1.5m 高度风速矢量图

冬季及夏季室外风环境模拟计算收敛图如图 8.7 及图 8.8 所示。由收敛图可知，模拟计算符合相关计算要求。

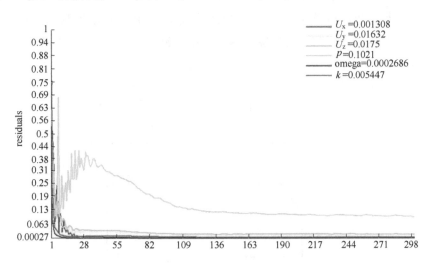

图 8.7　冬季模拟收敛图

分析结论：在夏季和冬季的主导风向和风速下，本项目场地主要人行区域距地 1.5m 高处平均风速大于 0.5m/s 且小于 5m/s，不影响室外活动的舒适性和建筑通风的要求。

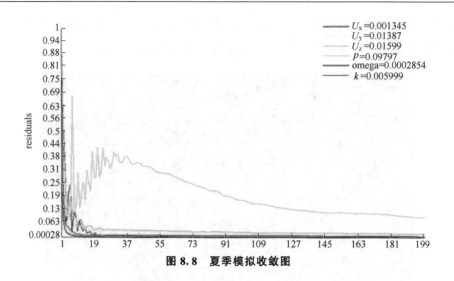

图 8.8　夏季模拟收敛图

8.1.3　标准层室内自然通风分析

室内自然通风的必要条件为空气在足够的风压差推动下的流动，而足够的风压差基于室外良好的通风环境，而且必须有合理的利于通风的室内空间布局和构造设计。风洞试验表明：当风吹向建筑时，因受到建筑的阻挡，会在建筑的迎风面产生正压；而当气流绕过建筑的各个侧面及背面时，会在相应位置产生负压，如图 8.9 所示。

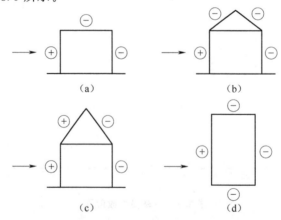

图 8.9　建筑物在风力作用下的压力分布
(a) 平屋顶建筑（立剖面）；(b) 倾角 30°坡屋顶建筑（立剖面）；
(c) 倾角 45°坡屋顶建筑（立剖面）；(d) 建筑平面图
＋——附加压力为正；——附加压力为负

室内通风就是利用建筑的迎风面和背风面之间的压力差实现空气的流通，

压力差的大小与建筑的形式、建筑与风的夹角以及建筑周围的环境有关；当然必须有合理的室内平面布局才可最终实现良好的室内通风。

本项目参考《建筑通风效果测试与评价标准》（JGJ/T 309—2013）中数值模拟的方法评价室内通风效果。其中数值模拟软件采用 VENT 软件的室内通风模块。VENT 软件室内通风模拟依据 CFD 基本求解原理和流程，可直接输出门窗风压表、通风开口面积比例计算书及换气次数达标面积比例计算书，并且可输出室内通风效果云图和矢量图，直观显示室内气流组织分布。软件可按照要求出具报告内容，提供门窗风压表作为计算室内通风的条件，并提供换气次数、室内气流组织分布彩图以及报告模板。VENT 软件直接从室内模型中提取模拟分析所需的建筑内部边界，即建筑内墙与空气接触的并有通风洞口的边界，此处通风洞口通常指门窗；这个边界包围的空间作为室内通风分析的几何模型或者计算区域。通过图纸分析和模型观察可确定几何模型是否正确。

办公楼标准层平面图如图 8.10 所示，该办公楼标准层 VENT 通风模型平面如图 8.11 所示，办公楼标准层 VENT 通风三维模型如图 8.12 所示。

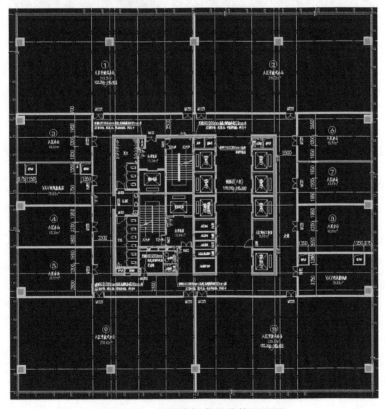

图 8.10 办公楼标准层建筑平面图

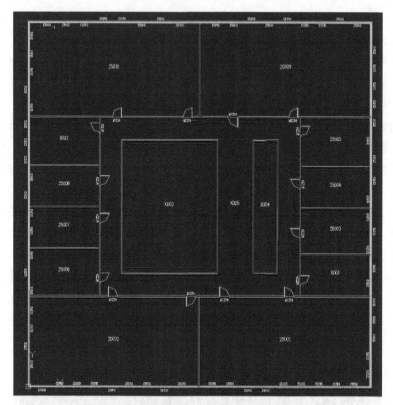

图 8.11 办公楼标准层 VENT 通风模型平面

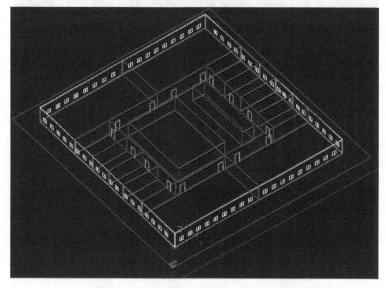

图 8.12 办公楼标准层 VENT 通风模型

　　依据绿色建筑标准及通风效果评价标准，公共建筑室内通风关注建筑外围护结构可开启面积比例及满足换气次数 2 次/h 的面积比例，室内某个水平或者垂直剖面上气流组织分布是否合理。各房间换气次数可通过换气次数统计表展示。空气龄云图反映了室内空气的新鲜程度，它可以综合衡量房间的通风换气效果，是评价室内空气品质的重要指标，如图 8.13 所示。通常，风速云图用于观察流场中的风速分布，而风速矢量图展示气流组织的走向，如图 8.14 所示。

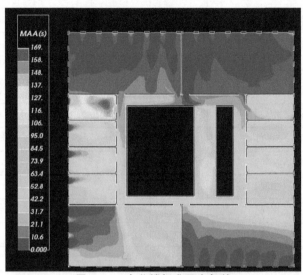

图 8.13　办公楼标准层空气龄

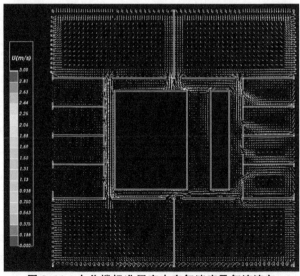

图 8.14　办公楼标准层室内空气速度及气流流向

表 8.4　　　　　过渡季节典型工况下标准层换气次数统计表

换气次数大于 2 次/h 的面积比

换气次数大于 2 次/h 的面积	1917.37	m²
总面积	2162.16	m²
面积比例 R_R	88.68	%

分类	体积/m³	面积/m²	换气次数/（次/h）
○第 25 层			
├ X003 [房间]	767.72	196.85	0
├ X004 [房间]	186.96	47.94	0
├⊙X005 [房间]	2150.2	551.32	10.8
├⊙25009 [房间]	971.77	249.17	10.49
├⊙X002 [房间]	205.68	52.74	12.23
├⊙25005 [房间]	208.86	53.55	7.06
├⊙25001 [房间]	924.53	237.06	18.73
├⊙25008 [房间]	179.62	46.06	12.34
├⊙25007 [房间]	173.55	44.5	14.31
├⊙25006 [房间]	206.91	53.05	18.72
├⊙25004 [房间]	179.42	46	8.03
├⊙25003 [房间]	193.08	49.51	9.82
├⊙25002 [房间]	925.21	237.23	18.52
├⊙25010 [房间]	977.21	250.57	6.11
└⊙X001 [房间]	181.76	46.61	9.18

　　由表 8.4 中统计可以看出，除核心筒等非主要空间（X003、X004 等）外，标准层所有常用区域在过渡季节典型工况下换气次数均大于 2 次/h。

　　通过对长沙市某办公楼标准层室内自然通风状况进行模拟，分析得出以下结论：办公楼平面布局和朝向有利于自然通风；建筑各个方向均匀设有开口，幕墙可开启部分占幕墙面积的 15%，迎风侧有较大面积开口，大部分房间能够通过迎风侧进风气流形成有效气流，风速分布在 0.17～1.2m/s，满足人体舒适度要求；背风侧局部区域风速较小。主要功能房间换气次数大于 2 次/h，通风状况良好，空气较新鲜，满足标准中换气次数要求。

8.1.4 通高空间室内自然通风分析

除塔楼标准层外，在办公楼 7 层东边的半圆形会议室为通高空间，如图 8.15 所示填充部分为通高的办公空间。在相同的平面布局下，比较了通高空间是否有利于建筑室内自然通风，分别对平面和剖面做了通风模拟研究，取 1—1 剖面和 2—2 剖面做通风分析。模拟结果如图 8.16～图 8.27 所示。

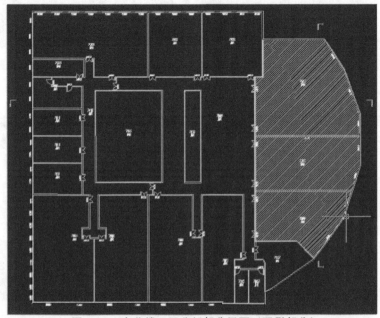

图 8.15　办公楼 7 层分析部分平面（阴影部分）

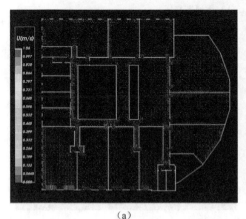
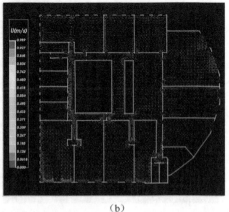

（a）　　　　　　　　　　　　　　　　　（b）

图 8.16　办公楼 7 层室内空气速度矢量图

（a）有通高空间；（b）无通高空间

183

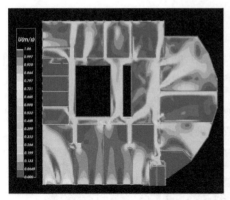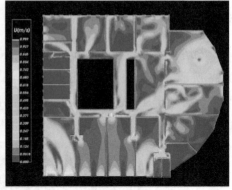

(a) (b)

图 8.17　办公楼 7 层室内空气速度分布图

(a) 有通高空间；(b) 无通高空间

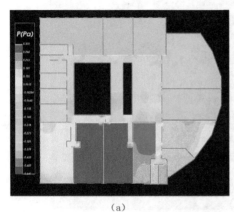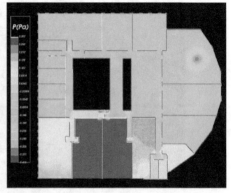

(a) (b)

图 8.18　办公楼 7 层室内空气压强云图

(a) 有通高空间；(b) 无通高空间

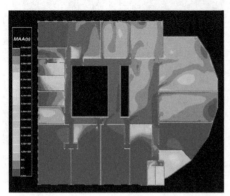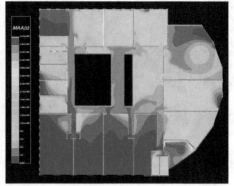

(a) (b)

图 8.19　办公楼 7 层室内空气龄云图

(a) 有通高空间；(b) 无通高空间

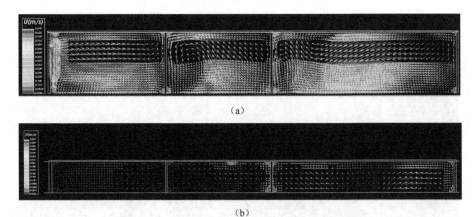

（a）

（b）

图 8.20　办公楼 7 层 1—1 剖面空气速度矢量图

（a）有通高空间；（b）无通高空间

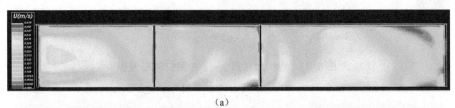

（a）

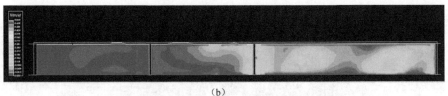

（b）

图 8.21　办公楼 7 层 1—1 剖面空气速度云图

（a）有通高空间；（b）无通高空间

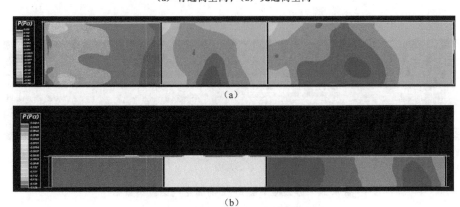

（a）

（b）

图 8.22　办公楼 7 层 1—1 剖面压强云图

（a）有通高空间；（b）无通高空间

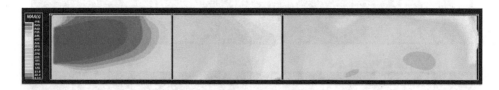

（a）

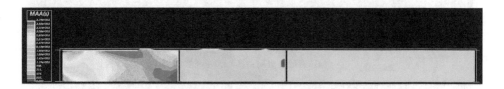

（b）

图 8.23　办公楼 7 层 1—1 剖面空气龄云图

（a）有通高空间；（b）无通高空间

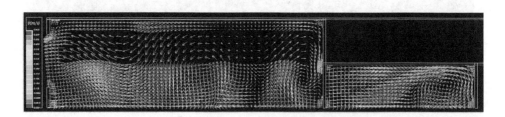

（a）

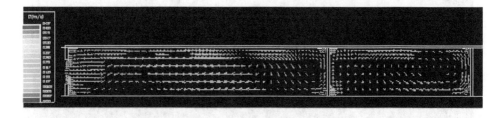

（b）

图 8.24　办公楼 7 层 2—2 剖面空气速度矢量图

（a）有通高空间；（b）无通高空间

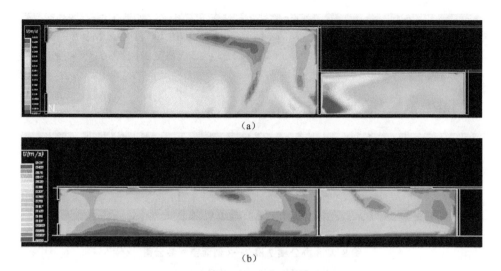

（a）

（b）

图 8.25　办公楼 7 层 2—2 剖面空气速度云图

（a）有通高空间；（b）无通高空间

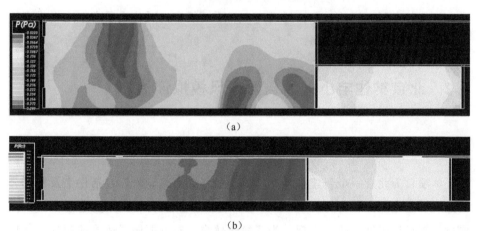

（a）

（b）

图 8.26　办公楼 7 层 2—2 剖面压强云图

（a）有通高空间；（b）无通高空间

从以上模拟结果可得出如下主要结论：

（1）通高空间加强了室内的自然通风能力，有助于建筑自然通风。

（2）由图 8.26 中可以看出，通高空间下相邻的会议室风压差较大。空气流动的条件是由风压差的条件引起的，风压差大的地方流速大，因此，通高空间的空气流动速度较快，自然通风效果较好。

（3）有通高空间的会议室明显比无通高空间的通风换气效果好。从图

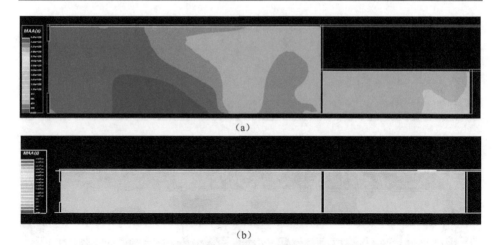

图 8.27　办公楼 7 层 2—2 剖面空气龄云图

(a) 有通高空间；(b) 无通高空间

8.27 中可以看出，在半圆形会议室里，通高空间的空气质点自进入房间至到达会议室某点所经历的时间比无通高空间要短很多，反映出通高空间提供了更新鲜的空气，空气品质较高。

8.2　北京某住宅小区的自然通风模拟评估

8.2.1　案例信息

本项目为北京一个新建房地产项目，项目主要建设内容包括住宅及配套公共建筑，总建筑面积约为 139766.57㎡，包括商业建筑面积和住宅面积。根据项目规划设计图纸，建立模型。为了简化建模，对模型做了适当的简化，忽略了部分对风压分布影响较小的部件。

小区建筑总平面如图 8.28 所示，建筑 3D 模型如图 8.29 所示。

根据北京气象数据，夏季工况主导风向为南风，参考高度处（$H=10\mathrm{m}$）风速为 1.7m/s。冬季工况取主导风向西北风，参考高度处（$H=10\mathrm{m}$）风速为 3m/s。采用计算流体动力学的方法对风环境状况进行模拟评价，搭建建筑物的数学物理模型，通过求解流体流动控制方程，利用数字风洞模拟实际的流动和通风情况。本次模拟采用 VENT 软件，其准确性获得了不同领域的验证。通过 VENT 进行三维流动数值模拟，从而得到建筑周边的流场和建筑表面的

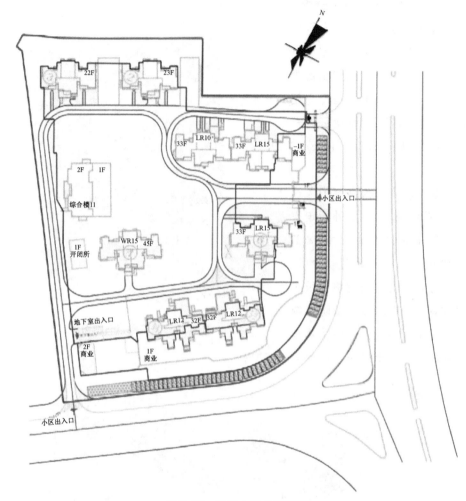

图 8.28　住宅小区总平面图

压力分布。为了简化模型，忽略了部分对风压分布影响较小的部件。

8.2.2　室外风环境分析

根据模拟设定，分别计算夏季和冬季主导风向下的室外风场分布情况。

8.2.2.1　冬季工况

冬季工况取主导风向为西北风，参考高度处（$H = 10m$）风速为 3m/s。根据评价要求，主要分析人行高度（1.5m）水平面风环境，以及建筑表面风速和风压。以下主要分析风速和风压两个指标，以及风场的分布情况。

1. 速度场模拟结果分析

速度场主要是查看人行高度处速度分布情况，根据评价要求，将速度标尺范围设定为0～5m/s，方便评价是否有超过5m/s的情况。该项目冬季模拟结果如图8.30～图8.32所示。

建筑群内行人高度的风速普遍较低，整体上室外行走空间风速不超过5m/s；但局部有超过5m/s风速过大的情况，可以考虑适当调整建筑布局或者通过在北边种植防风树木和建筑群内设置景观植物来引导风向，减小风速，消除不利情况。

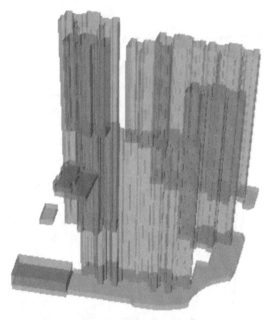

图8.29　建筑楼栋三维图

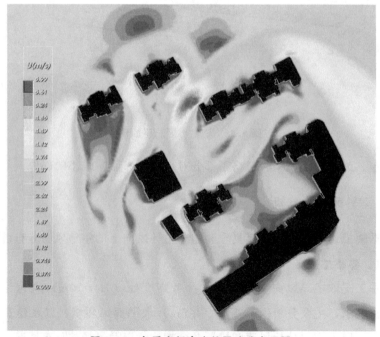

图8.30　冬季人行高度处风速分布云图

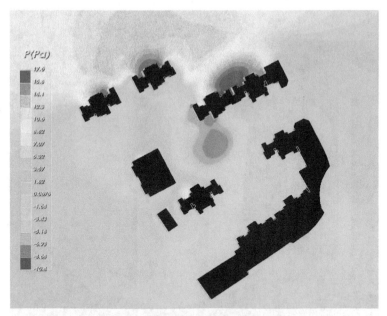

图 8.31　冬季人行高度处风压云图

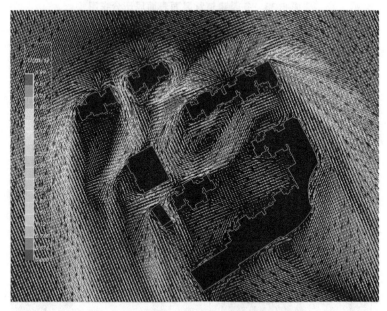

图 8.32　冬季人行高度处风速分布矢量图

2. 压力场模拟结果分析

由图 8.33 看出，南侧后排建筑由于受到前排建筑遮挡作用，建筑前后风压差较小；由图 8.34 可知，北侧外围建筑前后风压差较大，不利于冬季保温。

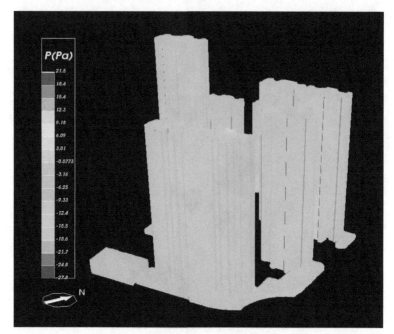

图 8.33 冬季建筑背风面表面风压分布图

图 8.34 冬季建筑迎风面表面风压分布图

冬季建筑室内外风压差不大于 5Pa。高层建筑由于高处风速较大，建筑前后风压差也较大，不利于冬季保温。因此，应重视北侧建筑和高层建筑的北向外窗气密性。可考虑在北侧建筑外围种常绿乔木灌木植物，同时结合局部起伏的微地形合理降低风速。

8.2.2.2　夏季工况

夏季工况取主导风向为南风，参考高度处（$H=10\mathrm{m}$）风速为 1.7m/s。根据评价要求，主要分析人行高度（1.5m）水平面风环境，以及建筑表面风速和风压。以下主要分析风速和风压两个指标，以及风场的分布情况。

1. 速度场模拟结果分析

由于北京夏季风速不大，所以建筑群内行人高度的风速普遍较低，一般不超过 2.5m/s。由图 8.35～图 8.37 可知，小区入口处的风速也在 2m/s 以下，满足《绿色建筑评价标准》（GB/T 50378—2014）中室外行走空间风速不高于 5m/s 的规定，不会因为再生风或者二次风速过高而威胁到行人的安全或者导致行人行走困难。建筑周边行人高度处夏季室外风速基本不低于 0.5m/s。对于室外活动场所，建议增添水景设施或者采用渗水路面或者绿化砖，以减少局

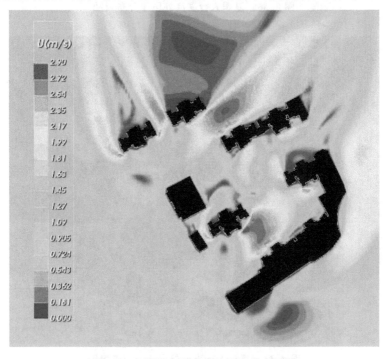

图 8.35　夏季人行高度处风速分布云图

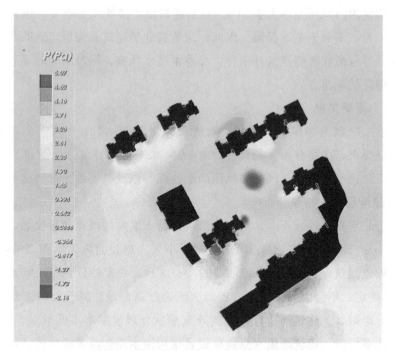

图 8.36　夏季人行高度处风压分布云图

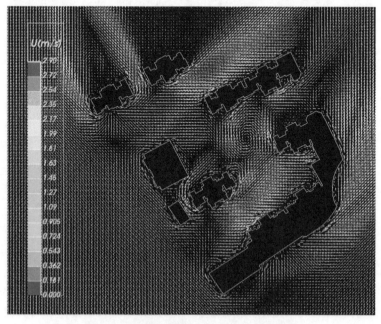

图 8.37　夏季人行高度处风速分布矢量图

部热岛效应。且行人高度处夏季室外风速多为 0.5~2m/s，没有风速过高或者过低的区域，有利于小区居民的室外活动。

2. 压力场模拟结果分析

压力场主要通过建筑表面风压分布图来评价和计算建筑迎风面和背风面的压力差。压力差模拟结果的标尺可以根据实际的模拟结果来确定，能够正确显示出压力分布范围。由图 8.38、图 8.39 可知，大部分建筑前后存在一定风压差，满足绿色建筑评价标准中的夏季建筑前后风压差大于 0.5Pa 的规定。高层建筑由于高处风速较大，建筑前后风压差也较大，有利于室内自然通风。但应注意到，由于受到前排建筑的遮挡作用，后排部分建筑附近风速较小，导致建筑前后压差较小，自然通风效果一般。可考虑利用植物引导风场，加大建筑前后风压差。

图 8.38　夏季建筑迎风面表面风压分布图

8.2.3　室内自然通风分析

由图 8.40~图 8.44 可知，小区户型平面布局和朝向有利于自然通风；建

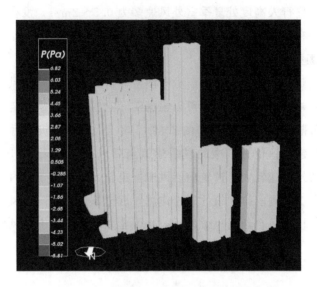

图 8.39　夏季建筑背风面表面风压分布图

筑各个方向均设有开口，迎风侧有较大面积开口，大部分房间能够通过迎风侧
进风气流形成有效气流，风速分布在 0.17～1.2m/s，满足人体舒适度要求；
背风侧局部区域风速较小。通风状况良好，空气较新鲜，满足《绿色建筑评价
标准》（GB/T 50378—2014）中的自然通风换气次数要求。

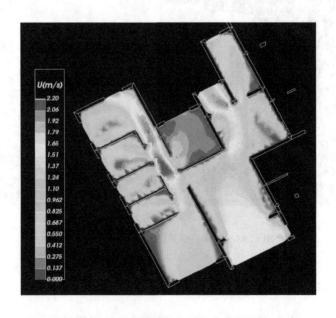

图 8.40　迎风面建筑室内风速分布云图

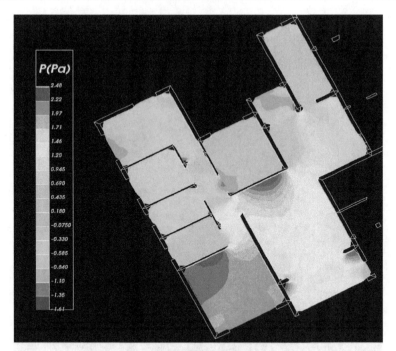

图 8.41　迎风面建筑室内风压分布云图

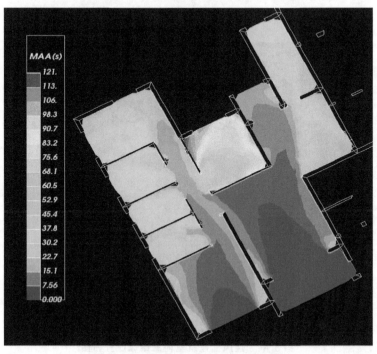

图 8.42　迎风面建筑室内空气龄云图

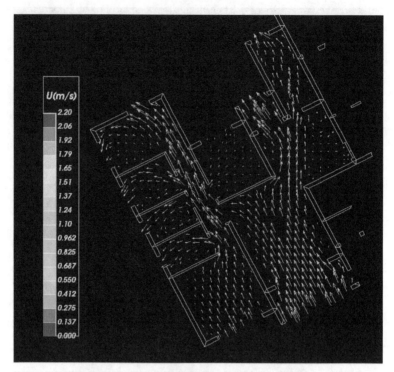

图 8.43 迎风面建筑室内风速分布矢量图

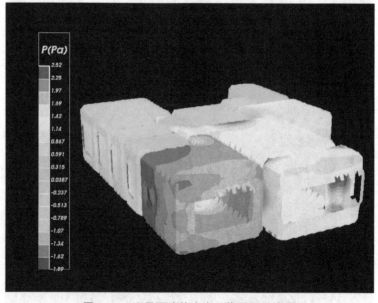

图 8.44 迎风面建筑室内三维风压分布图

8.3 香港穗禾苑住宅小区的自然通风模拟分析——建筑"捕风"与"导风"

8.3.1 案例信息

香港穗禾苑住宅小区是设计于 1980 年的经济适用高层公屋住宅,该小区位于沙田西北面山坡上,俯瞰整个沙田市中心。该公屋住宅类似国内的经济适用住宅或者公共租赁住宅,小区内户型可租可售。穗禾苑小区占地 9.1hm²,总建筑面积 18.3 万 m²,是香港于 20 世纪 70 年代末期开始的"居者有其屋"计划下设计的最理想的屋苑之一[86]。

如图 8.45 所示,穗禾苑建筑群由 9 栋高层住宅楼以及幼儿园、学校、活动中心及商场等组成,每栋住宅楼均为 36 层。建筑组群采取每三栋住宅楼形成一个组团,3 个组团的建筑布局形式相近,采用品字型布局,但品字型开口不同,分别面向东西向开口。9 栋高层住宅基本上面向主导风向。高层住宅的标准层平面每层 8 户,整个建筑单体平面呈风车状。在每个楼梯间里,走廊端部的两户与走廊边上的一户错开半层。如图 8.45 所示,3、6、9、12 四户在同一个标高上,剩下的八户在另一个标高上,错层设计,避开了相邻几户的干

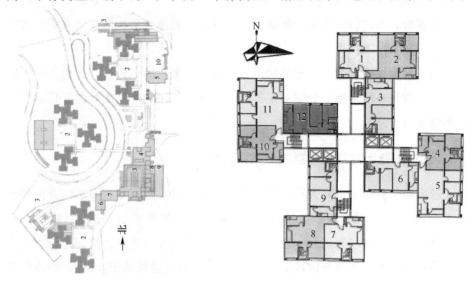

图 8.45 穗禾苑总平面图及标准层平面图

扰，营造了私密的入户空间。电梯每三层停靠一次，提高了电梯的工作效率。每层中间的走廊不是封闭的，中间有一个大的公共平台（见图 8.46），可供人们室外活动。在电梯不停靠的两层，楼梯走廊挡板处设置了大圆洞，可供不同楼层间的人们相互对望，增加生活的情趣[87]。作为政府公屋，户型套内建筑面积约为 37.3～56.6m²，为 2 房 2 厅 1 厨 1 卫或 3 房 2 厅 1 厨 1 卫户型，户型设计相当经济和紧凑。

图 8.46 穗禾苑外观及单元公共空间

根据香港气象数据，夏季工况主导风向为东南风，东偏南 22.5°，参考高度处（$H=10m$）风速为 2.7m/s。冬季工况取主导风向东北风，东偏北 22.5°，参考高度处（$H=10m$）风速为 2.9m/s。采用 VENT 对风环境状况进行模拟评价，并进行三维流动数值模拟，从而得到建筑周边的流场和建筑表面的压力分布。

为了简化模型，忽略了部分对风压分布影响较小的建筑构件。为评价不同组团开口对风环境影响，分别对南部的东向开口组团及中部的西向开口组团进行单独分析。

8.3.2 香港穗禾苑建筑组群通风效果分析

速度场主要用于查看人行高度处风速分布情况，根据评价要求，方便评价是否有超过 5m/s 的情况。该项目速度场模拟结果如图 8.47、图 8.48 所示。

从夏季的模拟结果来看，东向开口组团及西向开口组团建筑周边行人高度处夏季室外风速有小部分区域低于 0.5m/s，场地风速均低于 5m/s，场地内各栋建筑交界处因为峡谷风效应，使得风速较快，风速放大系数可能大于 2。模

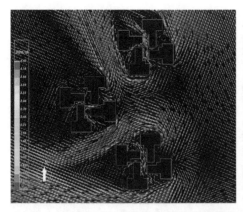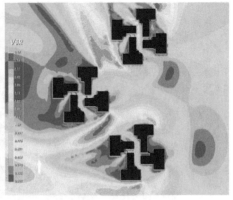

图 8.47 南部组团东向开口夏季东南风速度矢量及风速系数放大图

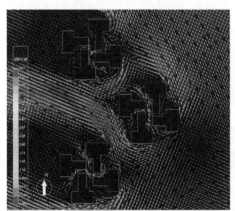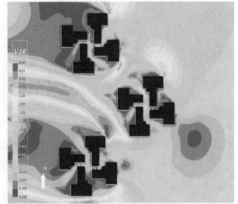

图 8.48 中部组团西向开口夏季东南风速度矢量及风速系数放大图

拟中未包括小区绿化树木模型，实际情况下小区内部绿化环境优美，可通过乔木与灌木结合而合理引导风的流动，减小风速放大系数，消除不利情况。从结果对比情况来看，东开口组团由于迎向夏季东南风向，使得各栋建筑室外都有较好的风环境，静风区域较小，而西开口组团因为最北面的建筑处于东南及南面两栋建筑的影响下，静风区域较大。在各栋单体建筑中，风车型的平面布局使得中部的开口及边翼的展开起到了较好的"捕风"功能，促进了夏季风的流动。此外，建筑师设计了一条南北向的主要风廊及东西向的次要风廊，以此进一步导风到各个住宅户型单元。

在室外活动场所，每个组团都增添了水景设施或者采用了渗水路面或者绿化砖，减少了局部热岛效应[88]。大部分建筑前后存在一定压差，满足《绿色

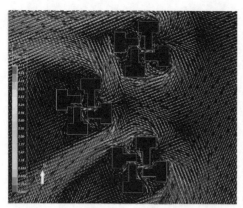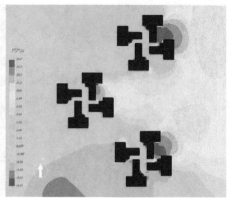

图 8.49　南部组团东向开口冬季东北风速度矢量及压强云图

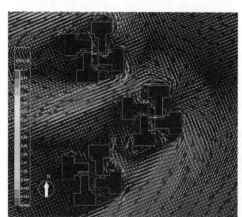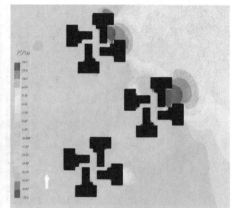

图 8.50　中部组团西向开口冬季东北风速度矢量及压强云图

建筑评价标准》（GB/T 50378—2014）中的夏季建筑前后风压差大于 0.5Pa 的规定[87]。该项目压力场模拟结果如图 8.49、图 8.50 所示。

压力场主要通过不同高度处的压力分布等值线图以及建筑表面风压分布图来进行评价，并计算建筑迎风面和背风面的压力差。从冬季的模拟结果来看，整体上室外行走空间风速不超过 5m/s，大量的乔木与灌木结合能够合理引导风的流动，减小风速，消除不利情况。由于香港主导风向是东风，穗禾苑布局排列方式造成 9 栋高层建筑都是迎风建筑，所以在冬季建筑前后风压差较大，不利于冬季保温，不可以确保冬季建筑前后风压差不大于 5Pa，因此应重视东侧建筑和高层建筑的东向外窗气密性。西部开口组团南侧建筑因处于背风处，整体风速较低。从夏季及冬季建筑组团分析情况来看，东向开口 3 栋建筑均处于可迎风情况，而西向开口冬夏季总有一栋建筑处于背风处。因而东向开口组团因整体室外风速较为均匀而且风速放大系数较小而占优，但是优势并不明显。整体上两种组群布置方式差别不大。

8.3.3　穗禾苑建筑单体室内风环境分析

巴马丹拿设计的风车形的穗禾苑户型，住宅楼内部都有一条开敞的通风廊道。从 CFD 模拟结果可以看出（见图 8.51 和图 8.52），通风廊道的设计比以往设计方案中的封闭走廊室内外通风效果要增强很多。针对风车形户型平面，可通过户型平面凹入与凸出，利用通风廊道，采用"导风"与"捕风"方法来

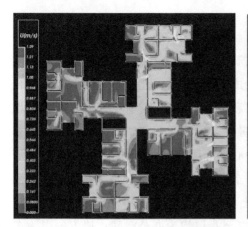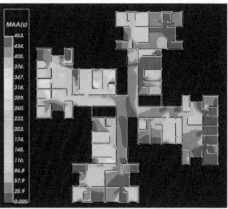

图 8.51　夏季东南风室内风速云图与室内空气龄图

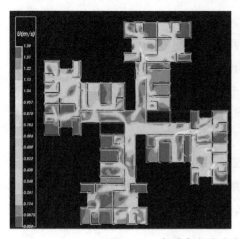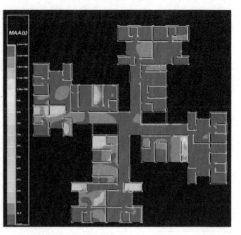

图 8.52　冬季东北风室内风速云图与室内空气龄图

组织高层住宅走廊的气流,减少风影区的覆盖区域,使得建筑周围获得相对较好的自然通风环境。这种布局能够引导气流斜向进入建筑群内部,减少气流的阻力,能够使气流流线间距拉长,有利于高层住区的通风,加强了室外的自然通风能力。因此,在进行方案设计时,通过 CFD 模拟分析与比较,可更好地将自然通风与建筑设计相结合,有利于实现更好的建筑室内外自然通风。

8.4　安徽省建筑设计研究院有限责任公司总部大楼科研生产基地自然通风模拟[①]

8.4.1　案例信息

该项目总占地面积 8122m², 总建筑面积 40145m²。南北楼通过中间庭院上空连廊连接成整体,建筑中部形成内院空间。北侧主楼总建筑面积 28096m², 其中地上 17 层, 建筑面积 21056m²; 地下 2 层, 建筑面积 7040m²。首层为设计院门厅和商业用房,二层为商业和展览空间,三层为餐厅和厨房,四层为图文档案和计算机中心,九层为空中花园,十六层和十七层为会议室和活动厅,其他各层均为办公空间,地下两层为车库和设备用房。南侧主楼总建筑面积 12049m², 其中地上 8 层, 建筑面积 9992m²; 地下 1 层, 建筑面积 2057m²。一层为架空花园;二至八层均为办公空间;地下一层为车库(见图 8.53 和图 8.54)。

项目位于合肥经济技术开发区繁华大道南、宿松路西,东为中国铁路物资工业集团总部,南为安徽省医药集团,西为安泰物流公司,北靠繁华大道,项目周边环境较为简单。总平面布置强调内院式组合空间,"U"形单元体块自合成内院,体现安徽民间建筑特点,整个项目南北楼通过中间庭院上空连廊连接成整体,建筑内部空间丰富,一层空间尤为通透,打开了底层视野,也改善了建筑通风与环境品质。

项目主入口面向繁华大道,车行通道利用高差分别向上到达地面场地,向下进入地下车库;沿建筑四周设置环形道路,在沟通内部交通的同时方便车辆出入,沿繁华大道一侧布置人行主入口,通向建筑主体。在车库的西北角设置

---

① 本案例分析资料由安徽省建筑设计院有限责任公司绿建中心提供。

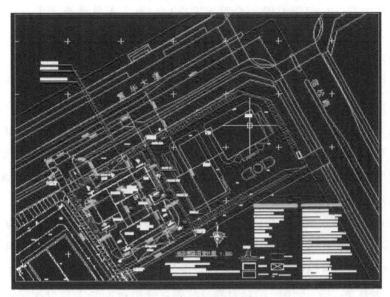

图 8.53　项目总平面图

图 8.54　项目效果图

地下车库入口，东南角设置一个双坡道出口，办公人员就近入库，出入口分开，避免拥堵，快速便捷，并与外围园区道路有良好的衔接关系。

该项目已通过国家绿色建筑三星级设计标识认证。

合肥市位于江淮之间，全年气温变化的特点是冬寒夏热，春秋温和。属于暖温带向亚热带的过渡带气候型，为亚热带湿润季风气候，季风明显、四季分明、气候温和、雨量适中、春温多变、秋高气爽、梅雨显著、夏雨集中。综观而论，合肥市气候条件优越，气候资源丰富。当然，由于气候的过渡型特征，冷暖气团交锋较为频繁，天气多变，降水变化大，常有旱、涝、风、冻、霜、雹等自然灾害出现，对农业生产又带来不利的影响。

（1）季风明显，四季分明。该市地处中纬度地带，是季风气候最为明显的区域之一。春夏秋冬四季分明，"春暖""夏炎""秋爽""冬寒"感觉明显。气象上常以候平均气温作为划分四季的标准，候平均气温小于10℃为冬季，大于22℃为夏季，介于10～22℃为春、秋季，合肥市四季大致分配是：春季2个月，夏季4个月，秋季2个月，冬季4个月。

（2）气候温和，雨量适中。合肥市地居中纬度，气候温和。年平均气温为15～16℃，属于温和的气候型。冬季，月平均气温为1.5～5.0℃，夏季7月平均气温为27.5～28.5℃，平均年较差各地为25～27℃，除个别年份外，严寒期与酷暑期短促；全市年平均降水量为940～1000mm，雨量比较适中。

（3）春温多变，秋高气爽。4月、5月两个月是冬季风过渡到夏季风期间，在此时段，南北气流相互交汇，酿成春季天气气候变化无常的现象。时冷时暖，时晴时雨为合肥市春季气候的特色。春季3月、4月、5月三个月降水量约占全年降水量的29%。

（4）梅雨显著，夏雨集中。梅雨是淮河以南地区的气候特色之一，而且差异很大，一般合肥市入梅期在6月中旬，出梅期在7月中旬的旬初，梅雨期近一个月。最早入梅在5月底，最迟出梅可至7月底。夏雨集中是季风气候的特征之一，是雨带缓行北上的结果，夏雨集中程度越向北越大，6月、7月、8月三个月自南向北占全年降水量的35%～45%。

综上，根据安徽省气候可行性论证中心发布的合肥地区各季节风向频率数据，项目所在的合肥地区风环境气候特征如表8.5所示。

表 8.5	风向数据表	
季节	室外平均风速/(m/s)	主导风向
冬季	2.39	NE
夏季	2.90	S
过渡季	2.47	E

8.4.2 室外风环境分析

根据本项目总平面布置图和周边的建筑情况，建立几何模型，如图 8.55 和图 8.56 所示。

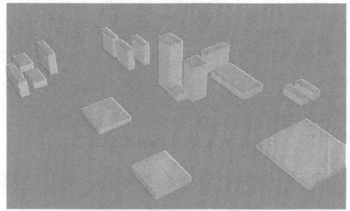

图 8.55 项目建成前室外模型

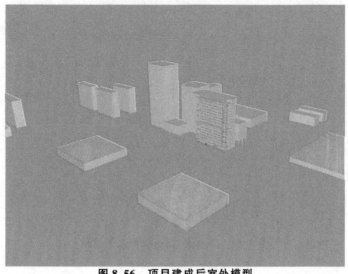

图 8.56 项目建成后室外模型

通过对本项目建成后在不同季节典型风场下的风环境进行模拟计算，得到结果如下。

过渡季模拟结果如图 8.57～图 8.62 所示。

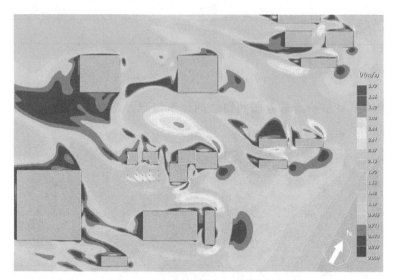

图 8.57　距地面 1.5m 处风速云图

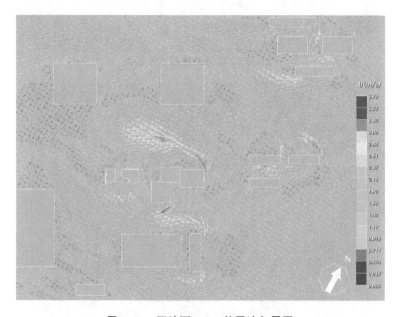

图 8.58　距地面 1.5m 处风速矢量图

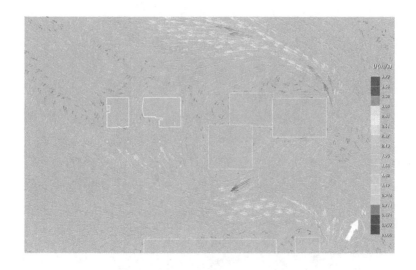

图 8.59　风速矢量图局部放大图

图 8.60　距地面 1.5m 处空气龄云图

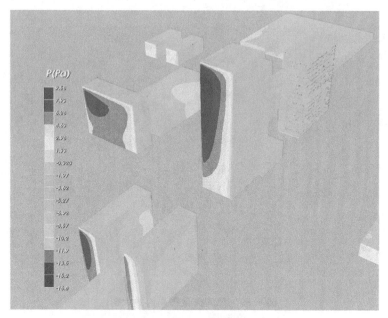

图 8.61　建筑迎风面风压云图

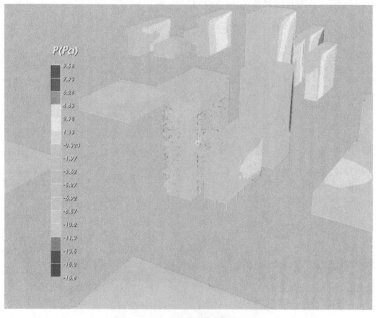

图 8.62　建筑背风面风压云图

　　综合以上分析可以看出，本项目所在场地在过渡季 2.47m/s 东风的作用下的周围平均风速约为 1.19m/s，项目场地内过渡季风速适宜；且从矢量图和空气龄云图中看出，项目由于首层中间部分为架空，主动地将南侧气流通过架空走道引至场地北侧，场地内人行区无静风及旋涡区，过渡季室外环境良好。从风压云图可以看出，迎风面大部分建筑表面的风压都在 1.33Pa 以上，背风面大部分建筑表面的风压都在－1.97Pa 以下，因此过渡季大部分可开启外窗满足内外表面的风压差大于 0.5Pa 的要求。

　　冬季模拟结果如图 8.63～图 8.67 所示。

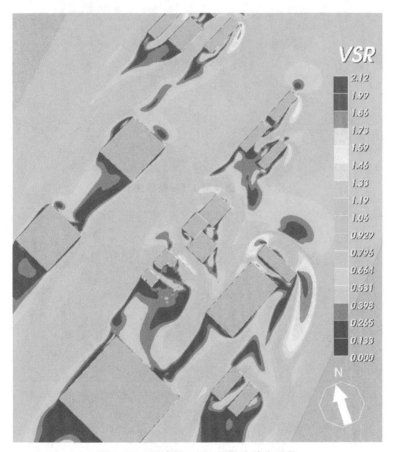

图 8.63　距地面 1.5m 处风速放大系数

　　综合以上分析结果可以看出，在冬季 2.39m/s 的东北风作用下，本项目场地内风速在 0.627m/s 以内，风速放大系数小于 1.33，室外人行区风环境舒适。从风压云图可以看出，项目九层以上的迎风面风压大于 5Pa；而背风面风

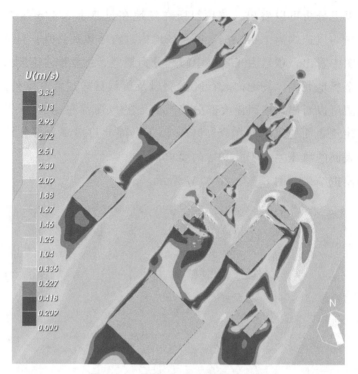

图 8.64　距地面 1.5m 处风速云图

图 8.65　距地面 1.5m 处风速矢量图

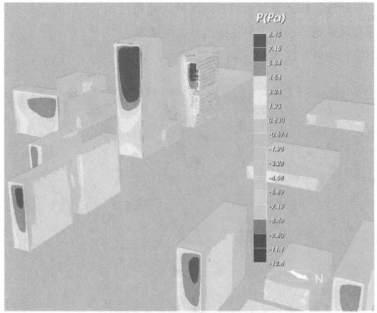

图 8.66　建筑迎风面风压云图

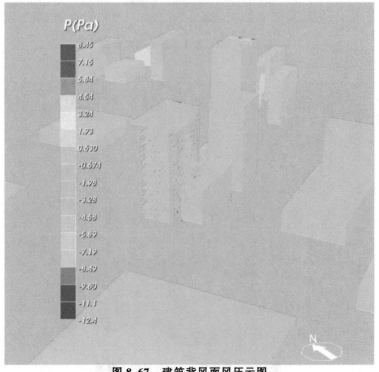

图 8.67　建筑背风面风压云图

压小于一1.98Pa，因此迎风面与背风面风压差超过5Pa；但由于本项目为场地内第一排迎风建筑，因此，满足标准条文的要求。

夏季模拟结果如图8.68～图8.72所示。

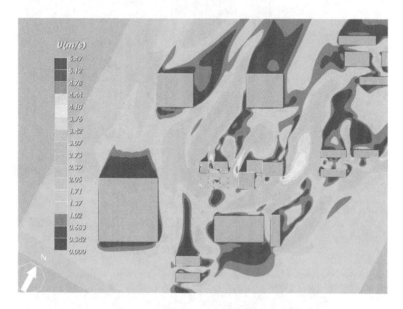

图 8.68　距地面 1.5m 处风速云图

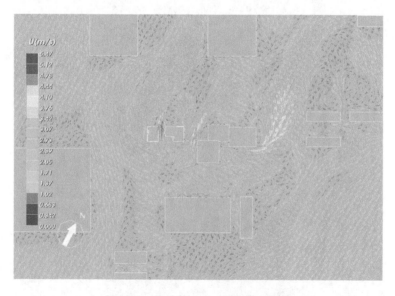

图 8.69　距地面 1.5m 处风速矢量图

图 8.70　距地面 1.5m 处空气龄云图

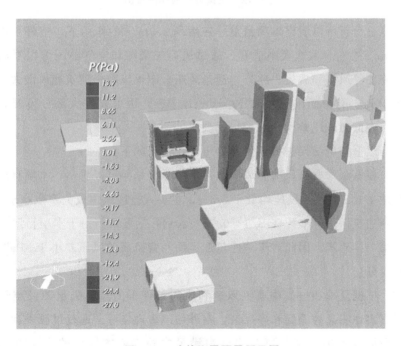

图 8.71　建筑迎风面风压云图

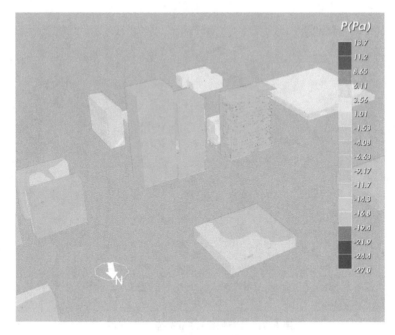

图 8.72　建筑背风面风压云图

从以上分析可以看出本项目夏季在南风 2.9m/s 的作用下，室外平均风速为 2.73m/s 左右，风速大小适宜。通过风速矢量图和空气龄图可以看出夏季场地内并无停风区和涡旋。此外，通过风压云图可以看出建筑迎风面大部分风压大于 10Pa，背风面风压大部分小于 −1.53Pa，因此夏季大部分可开启外窗满足内外表面的风压差大于 0.5Pa 的要求。

综合以上分析结果进行评价并给出优化建议如下：

（1）根据冬季典型风速和风向条件下的分析结果可以看出，本项目周围人行区距地 1.5m 高处，风速均低于 5m/s，主要人行区风速放大系数小于 2，满足《绿色建筑评价标准》（GB/T 50378—2014）的要求；由于本项目属于场地内迎风第一排建筑，因此对于"建筑迎风面和背风面的风压差小于 5Pa"这一条直接得分。

（2）根据夏季和过渡季典型风速和风向条件下的风速矢量图及空气龄云图，没有出现明显的涡旋和停风区，室外通风表现良好。通过过渡季和夏季的风压云图可以看出大部分可开启外窗满足内外表面的风压差大于 0.5Pa 的要求。

（3）从建成前和建成后的模拟分析图来看，项目对周边风环境并没有造成不良影响。

8.4.3　室内自然通风分析

本项目主要作为办公类建筑，共17层。一层为综合办公和接待，二层为大空间综合办公，三层和四层皆为餐厅，五层以上基本以建筑设计所为主要功能，因此应针对设计所的所在层进行室内通风评估；而相对五层来说，六层的平面图更具代表性，同时南面受将来的二期工程影响处于通风不利的条件。因而本次模拟以六层为标准层进行室内通风分析，如图8.73~图8.78所示。

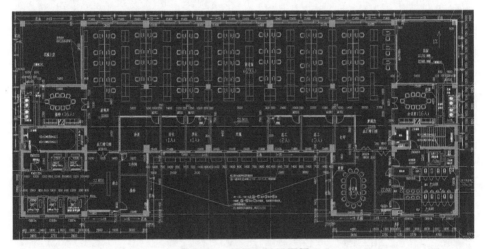

图8.73　项目六层平面图

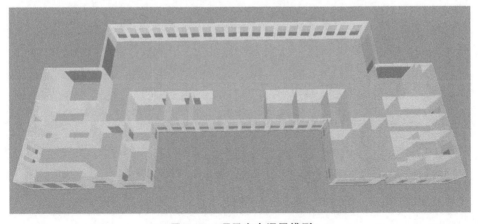

图8.74　项目室内通风模型

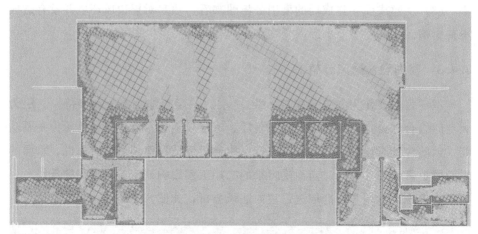

图 8.75　项目六层通风模拟网格划分

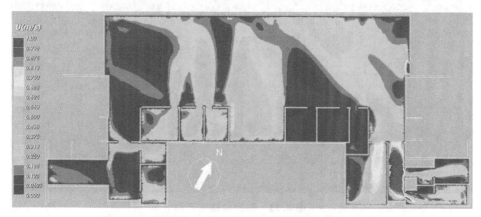

图 8.76　距地面 1m 处风速云图（图例最大值为 1m/s）

图 8.77　距地面 1m 处风速矢量图（图例最大值为 1m/s）

图 8.78　距地面 1m 处空气龄云图（图例最大值为 500s）

VENT 采用初始网格尺寸、最大细分级数和最小细分级数控制加密网格。《建筑通风效果测试与评价标准》（JGJ/T 309—2013）中提到在模拟前需判定网格质量，VENT 采用网格质量自动判定方法判定网格质量是否合格。经软件统计，此次室内风模拟划分的网格数为 12.88 万个。

在此，需要特别指出，左右两边的会议室没有划在室内风模拟内是因为这两个房间通风进出口只有一个，房间内的窗户并不可开启，因此在模拟时默认这两个房间不通风；而在最后统计功能房间总面积时包括了这两个房间，因此并不影响模拟结果的正确性。

由风速矢量图、风速云图可以看出，室内风速基本小于 1m/s，室内空气流动适宜。由空气龄云图可以看出，空气流通相对不好的区域位于西侧的走道和部分办公区域；而从换气次数角度来看是处于舒适范围内的。表 8.6 统计了模拟的标准层中各房间室内换气次数，表 8.7 统计了该标准层自然通风换气次数大于每小时 2 次的面积比。从两个统计表来看，总体上该标准层的通风环境达到《绿色建筑评价标准》（GB/T 50378—2014）中 90％～95％的要求。

表 8.6　　　　　　　　　　各房间换气次数统计

分　类	体积/m³	面积/m²	换气次数/（1/hr）
○第 6 层			
├○户：C	3926.2	934.82	10.31
│├⊙C020［房间］	59.8	14.24	37.47

分 类	体积/m³	面积/m²	换气次数/ (1/hr)
├⊙C019 [房间]	59.82	14.24	49.56
├⊙C040 [房间]	430.37	102.47	57.24
├⊙C039 [房间]	428.65	102.06	45.94
├⊙C037 [房间]	428.65	102.06	19.49
├⊙C036 [房间]	429.4	102.24	8.72
├⊙C024 [房间]	93.64	22.3	113.48
├⊙C021 [房间]	145.24	34.58	62.91
├⊙C017 [房间]	83.23	19.82	18.32
├⊙C023 [房间]	80.37	19.13	5.62
├⊙C022 [房间]	80.37	19.14	7.68
├⊙C018 [房间]	99.05	23.58	30.47
├⊙C038 [房间]	431.93	102.84	26.2
├⊙C016 [房间]	66.47	15.83	8.6
├⊙C012 [房间]	42.16	10.04	65.05
├⊙C010 [房间]	94.92	22.6	15.45
├C009 [房间]	8.11	1.93	0
├⊙C008 [房间]	71.85	17.11	100.6
├⊙C007 [房间]	257.01	61.19	12.39
├⊙C006 [房间]	87.55	20.85	19.37
├⊙C004 [房间]	173.08	41.21	42.62
└⊙C003 [房间]	78.8	18.76	27.12
├C028 [房间]	70.31	16.74	0

注 红色字体标注的是非主要功能房间，包括机房、通风井和电梯等。

表 8.7　　　　　　　由软件统计的换气次数大于 2/h 面积比

换气次数大于 2/h 的面积	886.29	m²
主要功能房间总面积	952.04	m²
面积比例 R_R	93.09	%

综上所述，通过精心设计和优化，可实现室内外通风良好状态，满足《绿色建筑评价标准》（GB/T 50378—2014）中有关设计的相关要求。在项目实施过程中可根据现场情况和条件进一步深化和优化室内外风环境。

参 考 文 献

[1] 杨丽. 绿色建筑设计 建筑风环境 [M]. 上海：同济大学出版社，2014：14.

[2] 闫寒. 建筑学场地设计 [M]. 北京：中国建筑工业出版社，2006：274－276.

[3] 宋德萱. 建筑环境控制学 [M]. 南京：东南大学出版社，2003：84－86.

[4] PENWARDEN A D, WISE A F E. Wind environment around buildings [M]. Dept. of the Environment, Building Research Establishment：H. M. Stationery Off. ，1975.

[5] 张新民. 空气污染学 [M]. 天津：天津大学出版社，2006：20.

[6] 李光耀，杨丽. 城市发展的数据逻辑 [M]. 上海：上海科学技术出版社，2015：232.

[7] 傅立新，郝吉明. 城市街道汽车污染扩散规律模拟研究 [J]. 环境科学，1999，（6）：22－25.

[8] 百度百科. "雾霾" 词条 [EB/OL]. https：//baike. baidu. com/item/％E9％9B％BE％E9％9C％BE/731704？fr＝aladdin.

[9] 尚可，杨晓亮，张叶，等. 河北省边界层气象要素与PM2.5关系的统计特征 [J]. 环境科学研究，2016，（03）：323－333.

[10] DEKAY M, BROWN G Z. Sun，Wind，and Light：Architectural Design Strategies [M]. Somerset，UNITED STATES：Wiley，2010：E. 292－295.

[11] Autodesk [EB/OL]. https：//sustainabilityworkshop. autodesk. com/buildings/wind.

[12] CHRISTEN A, MILLS G, VOOGT J A, et al. Airflow. //Urban Climates [M]. Cambridge：Cambridge University Press，2017：77－121.

[13] OKE T R, MILLS G, CHRISTEN A, et al. Urban Climates [M]. Cambridge：Cambridge University Press，2017：77－121.

[14] EVANS, BENJAMIN H. Daylighting in Architecture [M] . New York：McGraw-Hill. (1957) . Natural Air Flow Around Buildings. Texas Engineering Experimen Station，Research Report 59，March. College Station，TX：Texas A & M Univ. ，Texas Engineering Experiment Station，1981.

[15] Wikipedia. Street canyon [G/OL]. https：//en. wikipedia. org/wiki/Street _ canyon.

[16] How Do Buildings Affect Wind Patterns in a City？[Z/OL] https：//www. windcrane. com/blog/how-do-buildings-affect-wind-patterns-in-a-city/.

[17] KWAK K H, BAIK J J, RYU Y H, et al. Urban air quality simulation in a high-rise building area using a CFD model coupled with mesoscale meteorological and chemistry-transport models [J]. Atmospheric Environment，2015，100：167－177.

[18] 中华人民共和国住房和城乡建设部. 绿色建筑评价标准：GB/T 50378－2014 [S]. 北

京：中国建筑工业出版社，2014.

[19] 梁博，许之．自然通风技术浅析．第五届国际智能绿色建筑与建筑节能大会论文集
[C]，2009.

[20] 王智超．住宅通风设计及评价 [M]．北京：中国建筑工业出版社，2011.

[21] 戴萍．建筑室内空气品质分析与评价 [D]．大庆：大庆石油学院，2003.

[22] WHO. International Programme on Chemical Safety，Environmental Health Criteria，89，
Formaldehyde [R/OL]．Geneva，World Health Organization Report，1989. http：//
www. inchem. org/documents/ehc/ehc/ehc89. htm # SubSectionNumber：9. 2. 5

[23] Andreis Schutz. Arch Environ Health，1987，(6)：317.

[24] 许建华，薛光璞，杨丽莉．新装饰装修房屋室内空气中的苯系物调查 [J]．污染防治
技术，2007，20 (4)：48—49.

[25] 中华人民共和国住房和城乡建设部．民用建筑工程室内环境污染控制规范2013版
(GB 50325—2010)，[S]．北京：中国计划出版社，2013.

[26] 中华人民共和国卫生部．室内空气中二氧化碳卫生标准：GB/T 17094—1997 [S/
OL]．中华人民共和国国家卫生与计划生育委员会网站．http：//www. nhfpc. gov. cn/
zhuz/pgw/201212/34234. shtml.

[27] 李玉馥，孙秀珍，张兰英．西安市气传真菌调查 [J]．中国公共卫生．1993 (02)．

[28] BURGE H A. The fungi：How they grow and their effects on human health [J]. Heat-
ing Piping & Air Conditioning，1997，69 (7)．

[29] 郑明睿．慢性烟曲霉菌暴露对哮喘加重的免疫机制研究 [D]．上海交通大学，2015.

[30] 刘佳．雾霾元凶大争议，湿法脱硫真的致霾吗？[N/OL]．南方周末，2017.9.8.http：//
www. infzm. com/content/128745.

[31] 世界卫生组织国际癌症研究机构．官方报告：大气污染是人类癌症致死的主要因素
[R/OL]，2013.10.17. http：//www. iarc. fr/en/media—centre/pr/2013/pdfs/pr221 _ E. pdf.

[32] 中华人民共和国住房和城乡建设部．民用建筑供暖通风与空气调节设计规范：GB
50736—2012 [S]．北京：中国建筑工业出版社，2012.

[33] ASHRAE. ANSI/ASHRAE Standard 62.1：Ventilation for Acceptable Indoor Air
Quality [M]. Atlanta：American Society of Heating，Refrigerating and Air—Condition-
ing Engineers Inc. ，2013.

[34] BRAGER G，and DE DEAR R. Thermal adaptation in the built environment：a
literature review [J]. Energy and buildings，1998，27 (1)：83—96.

[35] DE DEAR R. Thermal comfort in practice [J]. Indoor Air，2004，14 (7)：32—39.

[36] FANGER P O. Thermal comfort，analysis and applications in environmental
engineering [M]. New York：McGraw-Hill，1972.

［37］ HUMPHREYS M A. Field studies of thermal comfort compared and applied ［M］. In：Energy，heating and thermal comfort. U. K. Building Research Establishment. Lancaster：The Construction Press Ltd，1978：237－265.

［38］ DE DEAR R，BRAGER G，DONNER D. Developing a adaptive model of thermal comfort and prefer ence ［R/OL］. Final Report，ASHRAE RP-884. 1997. http：//atmos. es. mq. edu. au/～rdedear/RP884 _ Final _ Report. PDF.

［39］ ISO. International Standard 7730，Moderate thermal environment：determination of PMV and PPD indices and specification of the conditions for thermal environment ［S］. International Organization for Standardization，Geneva. 1994.

［40］ ASHRAE. ANSI/ASHRAE Standard 55，Thermal environmental conditions for human occupancy ［S］. Atlanta：American Society of Heating Refrigerating and Air-conditioning Engineers Inc. ，2013.

［41］ 国家统计局 . 2016 年国民经济和社会发展统计公报 ［R］.

［42］ ASHRAE. ASHRAE/IESNA Standard 90. 1：Energy standard for buildings except low-rise residential buildings ［S］. Atlanta：American Society of Heating Refrigerating and Air-conditioning Engineers Inc. ，2010.

［43］ 中华人民共和国住房和城乡建设部 . 民用建筑能耗标准：GB/T 51161—2016 ［S］. 北京：中国建筑工业出版社，2016.

［44］ 中华人民共和国住房和城乡建设部 . 被动式超低能耗绿色建筑技术导则（居住建筑）［Z/OL］. 2015. http：//www. mohurd. gov. cn/wjfb/201511/t20151113 _ 225589. html.

［45］ 林波荣，谭刚，王鹏，等 . 皖南民居夏季热环境实测分析 ［J］. 清华大学学报（自然科学版），2002，42（8）：1071－1074.

［46］ 中华人民共和国质量监督检验检疫总局 . 建筑外门窗气密、水密、抗风压性能分级及检测方法：GB/T 7106—2008 ［S］，北京：中国标准出版社，2008.

［47］ 中华人民共和国住房和城乡建设部 . 夏热冬冷地区居住建筑节能设计标准：JGJ 134—2010 ［S］. 北京，中国建筑工业出版社，2010.

［48］ 李安桂，王平，党义荣 . 关于计算建筑物空气渗透量的四个理论模型（LEAKS，SWIFB，LBL，RMS）的比较 ［J/OL］. 中国科技论文在线 . 2004，http：//www. doc88. com/p－1935307252683. html.

［49］ GOWRI K，WINIARSKI D，JARNAGI R. Infiltration Modeling Guidelines for Commercial Building Analysis ［J/OL］. Pacific Northwest National Lab，for Department of Energy. 2009. https：//www. pnnl. gov/main/publications/external/technical reports/PNNL-18898. pdf.

［50］ DOE，Energy Modeling Benchmark Models，2010. https：//energy. gov/eere/buildings/new-construction-commercial-reference-buildings.

[51] BRENNAN T，PERSILY A，et. al. Measuring Airtightness at ASHRAE Headquarters [J]. ASHREAE Journal，2007（9）：27－32.

[52] ATTMA. Measuring air permeability in the envelopes of buildings（Non-Dwellings）[R/OL]. British Air Tightness and Testing Measurement Association Report，2010. https：//www. attma. org/wp-content/uploads/2016/04/ATTMA-TSL2. pdf.

[53] BPI. Converting between CFM50 and natural airflow [R/OL]. Building Performance Institute Inc. 2007.

[54] EMMERICH S，PERSILY A. Energy Impacts of Infiltration and Ventilation in U. S Office Buildings Using Multizone Airflow Simulation [J]. IAQ and Energy ' 98，American Society of Heating，Refrigerating，and Air-Conditioning Engineers，Inc. 1998.

[55] 彭琛，燕达，周欣. 建筑气密性对供暖能耗的影响 [J]. 暖通空调，2010，40（9）：107－111.

[56] TIAN Z，LOVE J. A field study of occupant thermal comfort and thermal environments with radiant slab cooling [J]. Building and Environment 2008，43（10）：1658－1670.

[57] 被动房研究所. 被动房、被动式节能改造 EnerPHit 和被动房研究所节能建筑标准技术准则（中译本）. 2015.

[58] PHIUS. PHIUS＋ 2015：Passive Building Standard-North America：How PHIUS＋ 2015 was Developed [S/OL]. Passive House Institute US. 2015. http：//www. phius. org/phius-2015-new-passive-building-standard-summary.

[59] 中华人民共和国住房和城乡建设部. 民用建筑热工设计规范：GB 50176—2016 [S]. 北京：中国计划出版社，2016.

[60] 王珍吾，高云飞，孟庆林，等. 建筑群布局与自然通风关系的研究 [J]. 建筑科学，2007，23（6）：24－27.

[61] 佚名. 浅析建筑设计中的自然通风设计 [J/OL]. https：//wenku. baidu. com/view/f5e588fb011ca300a7c3906e. html.

[62] 刘加平. 建筑物理 [M]. 4 版. 北京：中国建筑工业出版社. 2009.

[63] WALCZAK E. Menara Mesiniaga, Structure Innovations [J/OL]. http：//www. solaripedia. com/files/721. pdf.

[64] 杜雅兰，黄明娟，周丽铭. 全面通风与局部通风的应用分析 [J]. 铁路节能环保与安全卫生，2014，4（3）：143－147.

[65] 王庆莉，龙惟定. 地板送风与置换通风的差异 [J]. 建筑热能通风空调，2004，23（5）：10－13.

[66] 梁园，李纪. 置换通风与地板送风的区别及比较 [J]. 制冷与空调，2005（增刊）：

188－190.

［67］段双平．混合通风：一种节能环保的通风方式［J］．制冷空调电力机械，2008，29（3）．

［68］PASUT W，ARENS E，ZHANG H，et. al. Enabling Energy-Efficient Approaches to Thermal Comfort Using Room Air Motion［J/OL］．Proceedings of Clima 2013，Prague. http：//www. cbe. berkeley. edu/research/integrating-fans. htm♯publications.

［69］EMMERICH S J. Simulated Performance of Natural and Hybrid Ventilation Systems in an Office Building［J］．HVAC&R Research，2006，12（4）：975－1004.

［70］IEA. Energy Conservation in Buildings and Community Systems（ECBCS）Annex 35 HybVent. http：//www. hybvent. civil. aau. dk/，2003.

［71］林宪德．节能 65％的钻石级绿色建筑：台湾成功大学绿色魔法学校［J］．新建筑，2010（2）：77－81.

［72］MIT. CoolVent，The Natural Ventilation Simulation Tool by MIT［J/OL］．http：//coolvent. mit. edu/documentation/.

［73］RAY S. Natural Ventilation. SOM Example，Natural Ventilation Workshop［J/OL］．http：//web. mit. edu/alonso/Public/Presentations/Ray. pdf，2014.

［74］OLSEN E，ABDESSEMED N. Natural Ventilation in Practice，Transsolar Climate Engineering［Z/OL］．Natural Ventilation Workshop. http：//web. mit. edu/alonso/Public/Presentations/OlsenAbdessemed. pdf.

［75］MIT. Literature on CoolVent［Z/OL］．http：//coolvent. mit. edu/documentation/literature-on-coolvent/.

［76］MENCHACA B. Implementation of thermal stratification profile into CoolVent's results［D］．Cambridge：Massachusetts Institute of Technology，2012.

［77］肖恺．计算流体力学技术及常用软件简介［J］．科技风，2010（15）：288.

［78］谷现良，赵加宁，高军，高甫生．CFD 商业软件与制冷空调［J］．制冷学报，2003，（04）：45－49.

［79］昌泽舟，罗皓，郭丽娜，王宏，陈萍．CFD 软件在通风机设计中的应用［J］．风机技术，2009，（02）：60－64，72.

［80］董亮．非结构化网格生成技术研究及应用［D］．南京：江苏大学，2010.

［81］李豪．面向 OpenFOAM 并行开发框架的性能分析关键技术研究［D］．长沙：国防科学技术大学，2013.

［82］王彬，杨庆山．CFD 软件及其在建筑风工程中的应用［J］．工业建筑，2008，（S1）：328－332.

［83］NIST. FDS and Smokeview［J/OL］．https：//www. nist. gov/services-resources/software/fds-and-smokeview.

[84] 中华人民共和国住房和城乡建设部．建筑通风效果测试与评价标准：JGJ/T 309—
      2013［S］．北京：中国建筑工业出版社，2013.

[85] 中国气象局气象信息中心气象资料室．中国建筑热环境分析专用气系数据集［M］.
      北京：中国建筑工业出版社，2005.

[86] 顾大庆．经济适用原则乃公共住宅的设计之源：香港早期公屋的设计特色初探[J].时
      代建筑，2011（4）：50—55.

[87] 唐玉恩．香港穗禾苑［J］.世界建筑，1987（03）：56—57.

[88] 林波荣．绿色建筑性能模拟优化方法［M］.北京：中国建筑工业出版社，2016.

[89] 中国建筑科学研究院．绿色建筑评价标准技术细则［M］.北京：中国建筑工业出版
      社，2015.